Umstehendes Porträt zeigt das Bildnis Keplers

MATHEMATISCH-PHYSIKALISCHE BIBLIOTHEK
HERAUSGEGEBEN VON W. LIETZMANN UND A. WITTING
8

THEORIE DER PLANETENBEWEGUNG

VON

DR. PHIL. PAUL METH
STUDIENRAT AN DER HERDERSCHULE
IN BERLIN-WESTEND

ZWEITE, UMGEARBEITETE AUFLAGE

MIT 14 FIGUREN IM TEXT

1921
Springer Fachmedien Wiesbaden GmbH

ISBN 978-3-663-15231-6 ISBN 978-3-663-15794-6 (eBook)
DOI 10.1007/978-3-663-15794-6

VORWORT ZUR ZWEITEN AUFLAGE

Die vorliegende Neuauflage der „*Theorie der Planetenbewegung*" weicht in wesentlichen Punkten von der 1. Auflage ab: Das Newtonsche Anziehungsgesetz wurde in der 1. Auflage durch Differentiation der Bewegungsgleichungen abgeleitet, während in dieser Auflage hierfür die Methode des Hamiltonschen Hodographen benutzt wird, und zwar im Anschluß an Maxwells „Substanz und Bewegung", übersetzt von Fleischl (Braunschweig 1879). Dadurch wurde eine völlige Umarbeitung des 1. Abschnitts notwendig. Da seit dem Druck der 1. Auflage in dieser Sammlung ein Bändchen von Baruch über Zeitrechnung erschienen ist, so erwiesen sich mehrere Seiten der entsprechenden Nummer dieser Schrift als überflüssig. Bei der Kürzung wurde die graphische Darstellung der Zeitgleichung in verkleinertem Maßstabe in den Text als Fig. 10 aufgenommen. Da dem Bändchen ein bestimmter Umfang streng vorgeschrieben war, mußte die „Anziehung einer Kugel" ganz gestrichen werden. Der Verfasser hat sich bemüht, dafür durch ausführlichere Darstellung an anderen Stellen über Schwierigkeiten hinwegzuhelfen, wobei viele Seiten fast ganz umgearbeitet worden sind. Als Ziel schwebte ihm immer vor, dem Leser mit nicht zu viel mathematischer Rechnung eine klare Einsicht in den Mechanismus der ungestörten Planetenbewegung zu geben. Ein Eingehen auf die Störungen wäre bei dem beschränkten Raume eine Unmöglichkeit gewesen, und der Verfasser konnte daher diesem Gegenstande nur ein kurzes Schlußwort widmen.

Unter den in deutscher Sprache erschienenen Büchern seien den Lesern, die sich eingehender mit dem Gegenstande beschäftigen wollen, auch über ausreichende mathematische Kenntnisse verfügen, folgende empfohlen: Möbius, Mechanik des Himmels, Leipzig 1843; Dziobek, Die math. Theorieen der Planetenbewegungen, Leipzig 1888; Charlier, Mechanik des Himmels, Leipzig 1902; Oppolzer, Lehrbuch zur Bahnbestimmung, Leipzig 1870; Bauschinger, Bahnbestimmung, Leipzig 1906; Airy, Gravitation (ohne Rechnungen), Leipzig 1891.

Charlottenburg, August 1921.

Der Verfasser.

INHALTSVERZEICHNIS

ERSTER ABSCHNITT

ZWEITER ABSCHNITT

DRITTER ABSCHNITT

I. ABSCHNITT

EINLEITENDE SÄTZE AUS DER MECHANIK

VORBEMERKUNG

Im folgenden bringen wir eine kurze Darstellung der wichtigsten Sätze über die Zusammensetzung der Bewegungen, Geschwindigkeiten und Beschleunigungen, ohne — wegen des knappen Raumes — den Anspruch auf eine erschöpfende Behandlung zu erheben. Beim Leser werden einige Kenntnisse einfachster Art aus der Mechanik schon vorausgesetzt. Der Zweck der ersten Seiten dieses Bändchens ist der, die Anfangssätze der Mechanik in derjenigen Form zu geben, in der sie späterhin gebraucht werden.

Wir werden meistens mit Körpern zu tun haben, die gegenüber den Dimensionen ihrer Bahn sehr klein sind. Man pflegt solche Körper in der Mechanik als *Massenpunkte* oder als *Punkte* schlechthin zu bezeichnen. Bei der Untersuchung der Bewegung eines solchen Punktes, der als Träger einer Masse gedacht wird, hat man das Trägheitsgesetz zu berücksichtigen.

1. GLEICHFÖRMIGE BEWEGUNG GEOMETRISCHE ADDITION DER BEWEGUNGEN UND GESCHWINDIGKEITEN

Eine Bewegung heißt bekanntlich *gleichförmig*, wenn der bewegte Punkt in gleichen Zeiten gleiche Strecken zurücklegt. Der in der Zeiteinheit zurückgelegte Weg heißt die *Geschwindigkeit* der gleichförmigen Bewegung. Ein Punkt möge sich geradlinig und gleichförmig von O nach A bewegen (Fig. 1), gleichzeitig aber soll er mit der Strecke OA fortgeführt werden, die sich selbst parallel mit gleichförmiger Geschwindigkeit so bewegt wird,

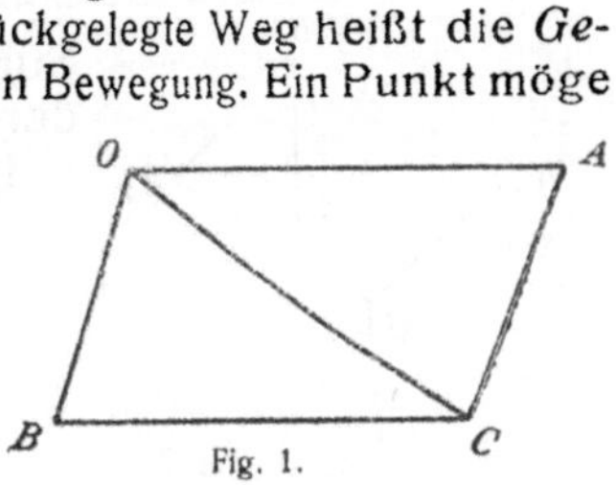

Fig. 1.

daß O nach B und A nach C kommt, während der Punkt die Strecke OA durchwandert. Der Punkt endet demnach seine Bewegung in Wirklichkeit in C, er legt die Diagonale OC des Parallelogrammes $OABC$ mit gleichförmiger Geschwindigkeit zurück. Man sagt, seine Bewegung auf OC sei zusammengesetzt aus den Bewegungen auf OA und OB. Diese beiden Bewegungen heißen die *Komponenten*, ihr Ergebnis die *Resultante* oder *resultierende Bewegung*. Gewöhnlich stellt man die Konstruktion von OC so dar, daß man AC gleich und parallel OB (in Zeichen $AC \# OB$) in A anträgt. OC heist die *geometrische Summe* der Komponenten, und man schreibt

$$OA + OB = OC \quad \text{oder} \quad OA + AC = OC,$$

wobei das Additionszeichen eine etwas andere Bedeutung hat als in der Algebra.

Wenn die Wege OA und OB in der Zeiteinheit zurückgelegt wurden, kann man sie auch als Geschwindigkeiten bezeichnen und erhält dadurch die Regel für die *Zusammensetzung* von zwei *Geschwindigkeiten* durch die geometrische Addition. Strecken, die wie die in Rede stehenden nach Größe und Richtung gegeben sind, pflegt man *Vektoren* zu nennen. Die Definition der Addition, welche vorher für 2 Vektoren gegeben wurde, läßt sich sofort auf beliebig viele erweitern. Man erhält z.B. den Summenvektor $OA_1 + OA_2 + OA_3$ (Fig. 2), indem man $A_1B \# OA_2$ und $BC \# OA_3$ macht. Dann ist

$$OA_1 + OA_2 + OA_3 = OC.$$

Im allgemeinen liegen 3 Vektoren nicht in einer Ebene, sondern bilden ein räumliches Polygon OA_1BC, das nach derselben Regel konstruiert wird. Wie bei der algebraischen Addition gilt hier der Satz, daß das Ergebnis der Addition, also hier die Größe und Richtung des Summenvektors, von der Reihenfolge der Summanden unabhängig ist.

In Fig. 3 ist $OA + AB = OB$, also

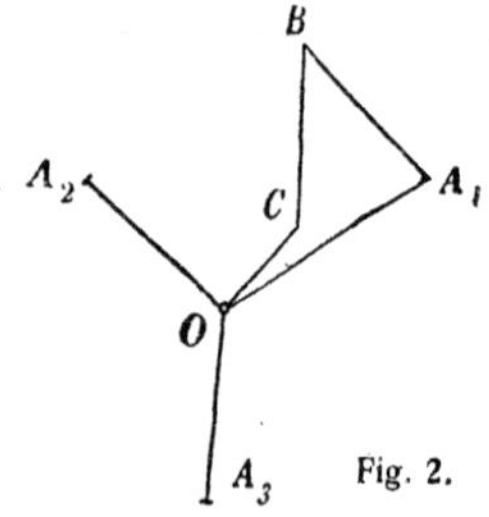

Fig. 2.

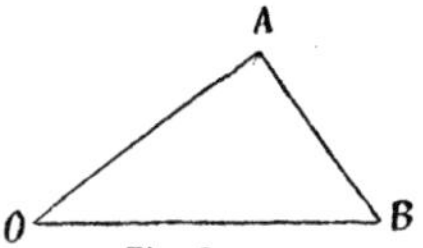

Fig. 3.

ist AB diejenige Strecke, welche man zu OA addieren muß, um OB zu erhalten. Man nennt daher, wie in der Algebra, AB die Differenz der beiden anderen Strecken und schreibt

$$OB - OA = AB.$$

Dagegen ist
$$BO + OA = BA.$$

Man kann sich in allen Fällen unter den betrachteten Strecken oder Vektoren etwa Geschwindigkeiten denken. Die Summanden heißen dann die Komponenten, der Summenvektor die resultierende Geschwindigkeit.

2. UNGLEICHFÖRMIGE BEWEGUNG DIE BESCHLEUNIGUNG

Wenn auf einen Körper bei seiner Bewegung eine Kraft einwirkt, so verändert sich seine Geschwindigkeit, und es entsteht eine *ungleichförmige* Bewegung. Wir werden im folgenden sehen, was wir in diesem Falle unter der Geschwindigkeit zu verstehen haben.

In der Natur pflegen Kräfte an einem Körper während einer gewissen Zeit *ununterbrochen* anzugreifen, und es kann sich Größe und Richtung der Kraft dabei allmählich ändern. Die Bahn des Punktes ist dann eine stetig gekrümmte Kurve. Wir erleichtern uns nun die Betrachtung dadurch, daß wir uns fürs erste die Kräfte stoßweise wirkend denken, also nicht dauernd, sondern in *unterbrochener* Folge. Dazu teilen wir die Zeit in gleiche Abschnitte ein, z. B. in 1/m sec; die Zeitpunkte t_0, t_1, t_2, t_3 .... sollen um 1/m sec auseinanderliegen. Zu diesen Zeiten habe der Punkt die Stellen A_0,

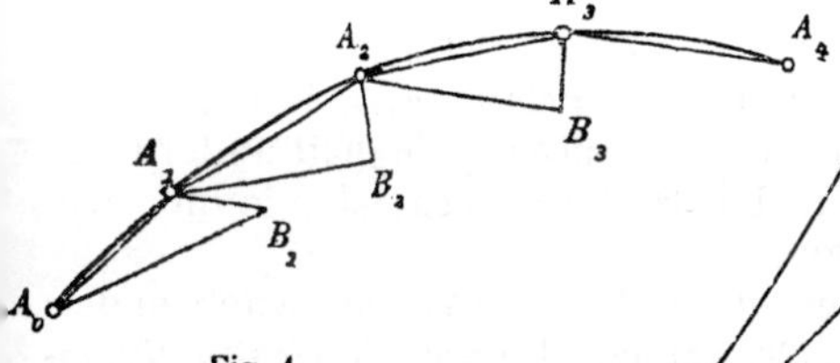

Fig. 4.

A_1, A_2, A_3 .... seiner Bahn (Fig. 4) erreicht. Die wahre Bahn ist eine

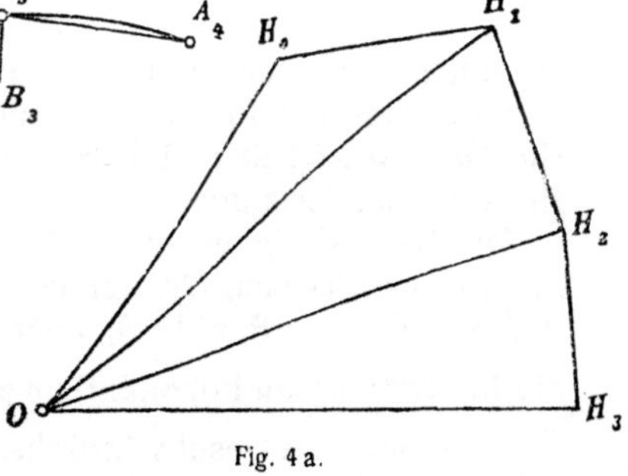

Fig. 4a.

Kurve, welche diese Punkte verbindet. Wir ersetzen aber zunächst die wirkliche Bewegung durch eine andere, bei der der Körper zu den Zeiten t_0, t_1, t_2 . . . dieselben Örter $A_0, A_1, A_2 \ldots$ wie bei der wirklichen Bewegung einnimmt, sich aber von jedem Orte zum nächstfolgenden geradlinig und gleichförmig fortbewegt. Da er dabei die gerade Strecke A_0A_1 in $1/m$ sec zurücklegt, würde er in 1 sec den Weg $m \cdot A_0A_1$ durchmessen. Wir sagen daher, der Punkt habe während der Zeit $t_1 - t_0$ die Geschwindigkeit $m \cdot A_0A_1$, während $t_2 - t_1$ die Geschwindigkeit $m \cdot A_1A_2$ usw.

In A_1 erhält der Körper einen Stoß, durch den seine Geschwindigkeit geändert wird. Wollen wir diejenige Geschwindigkeit zeichnen, die durch den Stoß zu der anfänglichen hinzukommt, so müssen wir die geometrische Differenz der Geschwindigkeiten

$$m \cdot A_1A_2 - m \cdot A_0A_1$$

bilden. Zeichnet man in Fig. 4

$$A_0B_1 \# A_1A_2, \quad \text{so ist} \quad A_0B_1 - A_0A_1 = A_1B_1.$$

Folglich ist $m \cdot A_0B_1 - m \cdot A_0A_1 = m \cdot A_1B_1$ (1)

die gesuchte Zusatzgeschwindigkeit, welche der Körper durch den Stoß für $1/m$ sec erhält. Auf eine ganze Sekunde berechnet heißt der Geschwindigkeitszuwachs die *Beschleunigung* während der Zeit $t_2 - t_1$ und ist m mal so groß, nämlich

$$m \cdot (m \cdot A_1B_1) = m^2 \cdot A_1B_1. \qquad (2)$$

Durch die Stöße in A_2, A_3, ... erhält der Körper die Beschleunigungen

$$m^2 \cdot A_2B_2 \quad \text{bzw.} \quad m^2 \cdot A_3B_3 \text{ usw.}$$

Je kleiner man die Zwischenzeiten wählt, um so größer wird m, um so mehr nähert sich das Polygon $A_0A_1A_2A_3$ . . . . der wirklichen Bahn und um so weniger sprunghaft ändern sich die Geschwindigkeiten. Die Stöße erfolgen dabei immer häufiger in einer Sekunde.

Die Geschwindigkeit $m \cdot A_0A_1$ nähert sich mit wachsendem m einem bestimmten *Grenzwert*, den man die *Geschwindigkeit* zur Zeit t_0 im Punkte A_0 nennt. Gewöhnlich schreibt man sie in etwas anderer Form, indem man $\frac{1}{m} = \Delta t$ und $A_0A_1 = \Delta s$ setzt. Dann ist die Geschwindigkeit auf dem Polygon zwischen

A_0 und A_1 gleich $\frac{\Delta s}{\Delta t}$, und bei wachsendem m wird

$$\text{die Geschwindigkeit in } A_0 \text{ gleich } \lim \frac{\Delta s}{\Delta t} = u,$$

wenn Δs und Δt beliebig klein werden. Dabei ist zu beachten, daß Δs Länge und Richtung eines Bogenelements bezeichnet, demnach ein Vektor ist. Man erhält also die Geschwindigkeit u nach Größe und Richtung.

Auch für die in (2) ausgedrückte Beschleunigung hat man eine andere Schreibweise: In (1) wurde die geometrische Differenz zweier Geschwindigkeiten gebildet. Heißt dieselbe Δu, so ist nach (2) die Beschleunigung $= m \cdot \Delta u = \frac{\Delta u}{\Delta t}$, und wir definieren als

$$\text{Beschleunigung in } A_0 = \lim \frac{\Delta u}{\Delta t}$$

für beliebig kleines Δu und Δt. Da Δu ein Vektor ist, so ist die Beschleunigung auch ein solcher. Nach dem Satze, daß

$$\text{Kraft} = \text{Masse} \times \text{Beschleunigung}$$

ist, erhalten wir die Kraft als Vektor, indem wir den Beschleunigungsvektor mit der Maßzahl der Masse multiplizieren. Die treibenden Kräfte können also auch vektoriell addiert werden, was in der Statik als Satz vom Kräfteparallelogramm bekannt ist.

Vorstehende Ableitung darf nicht als ein Beweis des entsprechenden Satzes der Statik aufgefaßt werden. Man findet Näheres darüber bei Mach, Die Mechanik in ihrer Entwicklung, 1. Kap. Nr. 3. (Leipzig, verlegt bei Brockhaus.)

Wir können das Polygon $A_0 A_1 A_2 \ldots$ zeichnen, wenn wir den anfänglichen Ort A_0 des Körpers und seine Anfangsgeschwindigkeit, also die Strecke $A_0 A_1$, kennen, und wenn außerdem die Strecken $A_n B_n$, also die treibenden Kräfte, gegeben sind. Ort und Geschwindigkeit zu Beginn der Bewegung werden als die *Anfangsbedingungen* bezeichnet. *Die Bahn* ist also *durch die Anfangsbedingungen und das Kraftgesetz eindeutig bestimmt.* Diese Bemerkung wird später von Wichtigkeit sein.

3. DER HODOGRAPH

Wir führen jetzt einen anderen Punkt H ein (Fig. 4a), der sich um einen Pol O so bewegen soll, daß der Polstrahl OH

stets gleich und parallel der Geschwindigkeit von A ist. Also:

$$OH_0 \# m \cdot A_0 A_1, \quad OH_1 \# m \cdot A_1 A_2 \# m \cdot A_0 B_1,$$
$$OH_2 \# m\ A_2 A_3 \# m \cdot A_1 B_2 \text{ usw.}$$

Dann ist $\triangle\, OH_0 H_1 \sim \triangle\, A_0 A_1 B_1$, $\triangle\, OH_1 H_2 \sim \triangle\, A_1 A_2 B_2$ usw.

Daher $\qquad H_0 H_1 = m \cdot A_1 B_1, \qquad H_1 H_2 = m \cdot A_2 B_2$ „

Der Punkt H legt die Strecke $H_0 H_1$ in 1/m sec zurück, seine Geschwindigkeit in einer Sekunde ist daher $m \cdot H_0 H_1 = m^2 \cdot A_1 B_1$. Auf dem Wege $H_1 H_2$ ist seine Sekundengeschwindigkeit $= m^2 \cdot A_2 B_2$ *usw.* Also ist die Geschwindigkeit von H ebenso groß wie die gleichzeitige Beschleunigung von A. Diese Beziehung bleibt bestehen, wie klein wir auch 1/m wählen. Der Weg des Punktes H nähert sich dann mehr und mehr einer stetig gekrümmten Kurve, die der *Hodograph* der Bahn von A heißt, nach einer Bezeichnung, die von dem englischen Mathematiker Hamilton eingeführt worden ist.[1]) Der Hodograph ist also dadurch definiert, daß sein auf einen beliebigen Pol bezogener *Radius-Vektor OH gleich und parallel der Geschwindigkeit* des betrachteten Punktes A ist, und es gilt der Satz:

Die *Beschleunigung* bei einer Bewegung ist *gleich und parallel der Geschwindigkeit im Hodographen.*

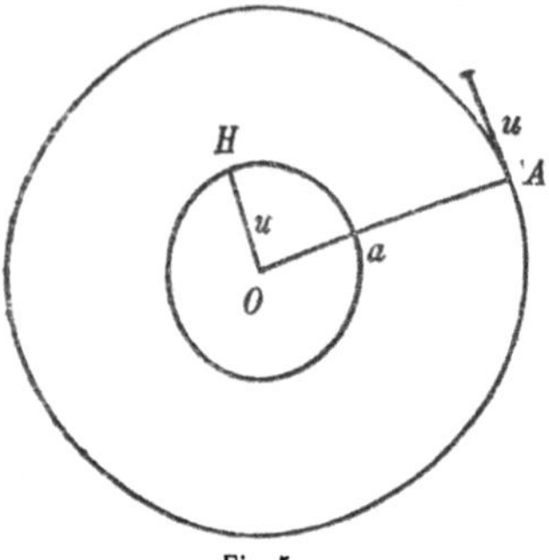

Fig. 5.

Wir wollen hiervon eine Anwendung auf die gleichförmige Kreisbewegung machen. A bewege sich auf einem Kreise mit dem Radius a (Fig. 5) um den Punkt O, die tangential gerichtete Geschwindigkeit habe die unveränderliche Größe u. Wir wählen O zugleich als Bezugspunkt für den Hodographen, indem wir $OH \# u$ machen. Da $u \perp OA$, so ist auch $OH \perp OA$. H führt in einem Kreise mit dem Radius a um O eine gleichförmige Kreisbewegung in derselben Zeit T aus, die auch A zu einem Um-

1) Das Wort Hodograph kann als „Bahnbeschreiber" übersetzt werden, insofern als diese Hilfskurve die Geschwindigkeit und Beschleunigung der Bewegung in der ursprünglichen Bahn deutlicher erkennen läßt oder beschreibt.

laufe braucht. Hat dabei H die Geschwindigkeit b, so ist

$$bT = 2\pi u \text{ der Weg von } H$$

und $$uT = 2\pi a \quad \text{„} \quad \text{„} \quad \text{„} \quad A;$$

also $$\frac{b}{u} = \frac{u}{a} \quad \text{oder} \quad b = \frac{u^2}{a}. \tag{1}$$

Dies ist nach dem Satze vom Hodographen die *Beschleunigung der gleichförmigen Kreisbewegung,* die Punkt A ausführt. So wie $u \perp a$, steht beim Hodographen $b \perp u$, ist also parallel dem Radius a gerichtet, und zwar in der Richtung von AO, wie die Figur erkennen läßt. D. h. die Beschleunigung ist nach dem Mittelpunkte gerichtet und wird deshalb auch *zentripetale* Beschleunigung genannt (von latein. centrum und petere = zu erreichen suchen).

Ein Punkt des Radius, welcher von O den Abstand 1 hat, möge in der Zeiteinheit den Bogen n durchlaufen; n heißt dann die *Winkelgeschwindigkeit* (im Bogenmaß). Der Endpunkt des Radius a hat die a-fache Geschwindigkeit $u = n \cdot a$. Folglich erhält man für die zentripetale Beschleunigung auch

$$b = n^2 \cdot a. \tag{2}$$

4. ÜBER BEWEGUNGEN, BEI DENEN EINE ZENTRALKRAFT WIRKT

Wenn die Beschleunigung stets nach demselben Punkte, einem *Zentrum,* gerichtet ist, sagt man, die Bewegung werde von einer *Zentralkraft* verursacht. Ein Beispiel dafür ist die gleichförmige Kreisbewegung. Man pflegt das Zentrum zum Nullpunkt eines Polarkoordinatensystems zu machen und nennt den vom Zentrum ausgehenden, am beweglichen Massenpunkt endigenden Strahl den Radius-Vektor. Die Maßzahl der vom Radius-Vektor in der Zeiteinheit bestrichenen Fläche nennt man auch die *Flächengeschwindigkeit* des Radius. Wir beweisen zunächst den Satz:

Bei konstanter Flächengeschwindigkeit (d. h. wenn der Radius in gleichen Zeiten gleiche Flächen bestreicht) fällt die Beschleunigung in die Richtung des Radius-Vektor.

Beweis (Fig. 6): In zwei aufeinander folgenden, gleichlangen Zeitelementen werden die Strecken AB und BC zurückgelegt. Die Dreiecke OAB und OBC werden als flächengleich

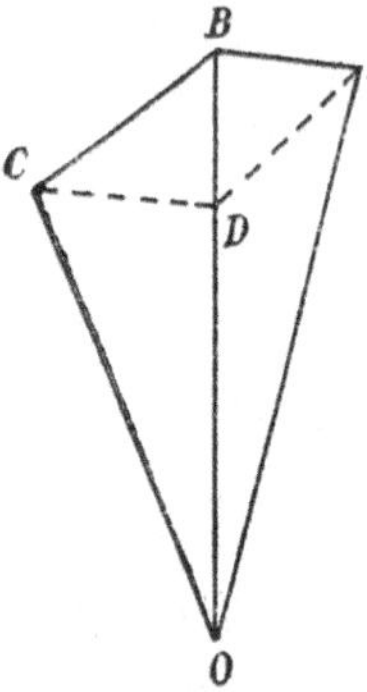

Fig. 6.

in der Figur vorausgesetzt. Daher haben A und C von der gemeinsamen Grundlinie OB gleiche Abstände. Zieht man also $AD \| BC$ und verbindet C mit D, so muß ein Parallelogramm entstehen. Hierin ist die geometrische Differenz

$$AD - AB = BC - AB = BD.$$

Die letzte Differenz ist aber, bis auf den Faktor m der als eine Zahl auf die Richtung keinen Einfluß haben kann, die Differenz der Geschwindigkeiten, d. h. proportional der Beschleunigung, die somit in die Richtung des Radius BO fällt.

An derselben Figur beweist man auch leicht den umgekehrten Satz: *Wenn ein Punkt von einer Zentralkraft angetrieben wird,* d. h. wenn die Beschleunigung in den Radius-Vektor fällt, *ist die Flächengeschwindigkeit des Radius konstant.*

II. ABSCHNITT

DIE BAHNEN UND DIE TREIBENDEN KRÄFTE IM PLANETENSYSTEM

5. DIE KEPLERSCHEN GESETZE

Nachdem Kopernikus der Sonne die zentrale Stellung im Planetensystem angewiesen hatte, war es Kepler (1571—1630), der auf Grund sorgfältiger Beobachtungen, die zum größten Teil von Tycho Brahe gemacht worden waren, zum ersten Male die richtigen Gesetze für die Planetenbewegung aussprach.[1]) Er legte seine Erkenntnis in folgenden drei grundlegenden Sätzen nieder, auf die er zunächst durch das Studium der Marsbewegung gekommen war, deren *allgemeine* Gültigkeit er aber bald erkannt hatte:

1. *Die Bahnen der Planeten sind Ellipsen, in deren einem gemeinschaftlichen Brennpunkte die Sonne steht.*

2. *Der von der Sonne nach dem Planeten gezogene Radius*

Genaueres im Bd. 40 dieser Sammlung: Kirchberger, Geschichte der Astronomie.

Vektor bestreicht in gleichen Zeiten gleiche Flächen (Flächensatz).

Anm. Hierbei ist zu beachten, daß die beiden Sektoren, die die Radien *zweier* Planeten in gleichen Zeiten überstreichen, einander *nicht* gleich sind. Über das Verhältnis solcher Sektoren vgl. Nr. 14 (8).

3. *Die Quadrate der Umlaufszeiten zweier Planeten verhalten sich wie die Kuben der halben großen Achsen ihrer Bahnen.*

Man setzt im Wortlaut des dritten Gesetzes oft „mittlere Entfernung" für „halbe große Achse", weil diese das arithmetische Mittel zwischen der größten und kleinsten Entfernung ist.

6. FOLGERUNGEN AUS DEM ERSTEN KEPLERSCHEN GESETZE

Da die Sonne im Brennpunkte der Ellipsen steht, so wählt man zur Darstellung der Bahn die Polargleichung, bezogen auf den Brennpunkt als Anfangspunkt. Sie lautet:

$$\frac{p}{r} = 1 + e \cos v. \qquad (1)$$

Hierin bedeutet bekanntlich r den Radius Vektor, SP in Fig. 7; v den Winkel, welchen der Radius seit dem letzten Durchgange des Planeten durchs *Perihel* (die Sonnennähe) Π überstrichen hat, also $\sphericalangle\, \Pi SP$; e ist die numerische Exzentrizität, die bei der Ellipse < 1 ist. Für $v = 0^0$ befindet sich der Planet in der Sonnennähe Π, für $v = 180^0$ in der Sonnenferne oder dem *Aphel* A. $\Pi A = 2a$ ist die große Achse der Bahn und wird, soweit ihre Richtung und nicht ihre Länge in Betracht kommt, die *Apsidenlinie* genannt, weil die Punkte A und Π auch die *Apsiden* heißen. Der im Brennpunkte S auf $A\Pi$ senkrecht stehende Radius p heißt der *Parameter* der Bahn. Aus der Geometrie ist bekannt, daß

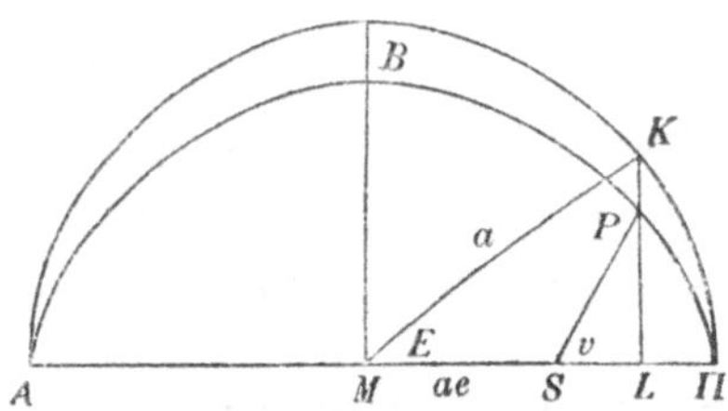

Fig. 7.

$$p = a\,(1 - e^2)$$

und daß der Abstand

$$\text{Brennpunkt} - \text{Mittelpunkt} = ae$$

st. Der Polarwinkel v heißt in der Astronomie die wahre *Anomalie* des Planeten und wird von 0^0 bis 360^0 gezählt. Man fällt jetzt vom Planetenorte P das Lot PL auf die große Achse und verlängert es nach rückwärts, bis es den um M mit dem Radius a geschlagenen Kreis in K schneidet. Verbindet man K mit M, so entsteht ein Winkel $KM\Pi$, der die *exzentrische Anomalie E* genannt wird. Als Erklärung für den Namen gibt man an, daß er auf den exzentrischen Kreis der Alten zurückzuführen sei, andere sagen, der Winkel sei vom Mittelpunkte = ex centro der Ellipse genommen. Die exzentrische Anomalie spielt in der Astronomie eine große Rolle, deshalb wollen wir zeigen, in welchem Zusammenhange E und die Polarkoordinaten r und v stehen. Es ist

$$SL = ML - MS.$$

Betrachtet man hier SL als die Projektion von r auf die Achse und ML als die Projektion des Kreisradius a, so kann man schreiben:

$$r \cos v = a \cos E - ae. \tag{2}$$

Hiermit vergleichen wir den Wert von $r \cos v$, der sich aus der Polargleichung (1) ergibt, nämlich

$$r \cos v = \frac{p - r}{e}.$$

Durch Gleichsetzen beider Werte erhält man

$$p - r = ae \cos E - ae^2 \quad \text{oder} \quad r = p + ae^2 - ae \cos E.$$

Setzt man hierin $p = a(1 - e^2)$, so wird

$$r = a - ae \cos E. \tag{3}$$

Man bekommt durch Addition von (2) und (3):

$$r(1 + \cos v) = a(1 - e)(1 + \cos E), \tag{4}$$

und durch Subtraktion von (2) und (3):

$$r(1 - \cos v) = a(1 + e)(1 - \cos E). \tag{5}$$

Die v und E enthaltenden Klammern formt man um mit Hilfe der Identitäten

$$1 + \cos\alpha = 2\cos^2\frac{\alpha}{2} \quad \text{und} \quad 1 - \cos\alpha = 2\sin^2\frac{\alpha}{2}.$$

Man dividiert dann (5) durch (4), zieht die Quadratwurzel und erhält:

$$\operatorname{tang}\frac{v}{2} = \sqrt{\frac{1+e}{1-e}}\operatorname{tang}\frac{E}{2}. \tag{6}$$

Multipliziert man dagegen die beiden Gleichungen und zieht die Wurzel, so ergibt sich:

$$r\sin v = a\sqrt{1-e^2}\sin E. \tag{7}$$

Die Form der Bahnellipse ist durch a und e bestimmt. Will man den Ort eines Planeten in seiner Bahn, also seine Polarkoordinaten r und v, für eine bestimmte Zeit berechnen, so muß man den Betrag der exzentrischen Anomalie E für diese Zeit kennen. In der nächsten Nummer werden wir sehen, wie man E berechnen kann. Die Gleichungen (2) und (7) dienen dann zur Berechnung von r und v aus a, e und E, und zwar ist der Quadrant von v durch sin und cos eindeutig festgelegt. Man könnte auch $\frac{v}{2}$ aus (6) berechnen, und eine leichte Überlegung zeigt, daß dann v eindeutig bestimmt ist.

7. FOLGERUNGEN AUS DEM ZWEITEN KEPLERSCHEN GESETZE

Wir wollen zwei Sektoren vergleichen, die der Radius-Vektor eines Planeten in der Sonnennähe und Sonnenferne bestreicht. Wir nehmen die Zwischenzeiten einander gleich und so klein an, daß der Sektor mit genügender Annäherung als Dreieck betrachtet werden kann. Konstruiert man die Höhen dieser flächengleichen Dreiecke von der Sonne aus, so ist sofort klar, daß die Grundlinie des ersten Dreiecks die größere sein muß, d. h. daß die Geschwindigkeit des Planeten in der Sonnennähe größer ist als in der Sonnenferne. Zur größeren Anschaulichkeit wollen wir das 2. Keplersche Gesetz noch durch ein kurzes Zahlenbeispiel aus der Marsbewegung erläutern.[1]) Als Längeneinheit für die Entfernung r des Mars von der Sonne wählen wir die halbe große Achse der Erdbahn, die sog. *astronomische Längeneinheit*, die bei Berechnungen im Planetensystem stets zugrunde gelegt wird. Die wahre Anomalie des Mars soll sich an einem Tage um

1) Nach Jaumann, Grundlagen der Bewegungslehre. Joh. Ambros. Barth, Leipzig 1905.

Δv ändern, r ändert sich in dieser Zeit unmerklich, so daß der Radius-Vektor ein gleichschenkliges Dreieck überstreicht, dessen Fläche $= \frac{1}{2} r^2 \sin \Delta v$ ist. Wegen der Kleinheit von Δv kann statt des sin der Bogen des Winkels genommen werden. Wird also Δv in Bogenmaß verwandelt, so ist die Fläche $= \frac{1}{2} r^2 \Delta v$. Um zu erkennen, wie sich die Geschwindigkeit des Mars mit r ändert, ist dieselbe auch noch angegeben. Der Endpunkt eines Radius von der Länge 1 wandert an einem Tage um Δv (in Bogenmaß), also rückt der Endpunkt des Radius r um $r \cdot \Delta v = u$ weiter. In astronomischen Einheiten würde diese Zahl sehr klein ausfallen. Multipliziert man sie mit $15 \cdot 10^7$, so erhält man sie in km, da die halbe große Erdbahnachse rund $15 \cdot 10^7$ km lang ist. In der folgenden Tabelle bezieht sich die erste Zeile auf das Aphel, die letzte gilt fürs Perihel.

Datum	r Mars astr. Einheiten	Δv an 1 Tag	$\frac{1}{2} r^2 \Delta v$	u in Mill. km
1. V. 1867	1,665	1574″	0,0106	1,91
1. IX. 1867	1,580	1745		2,00
1. XII. 1867	1,466	2030		2,16
1. IV. 1868	1,382	2285		2,30

Wir messen die Umlaufszeit der Planeten in mittleren Sonnentagen[1]). Dauert ein Umlauf U Tage, so bestreicht in dieser Zeit der Radius einmal die Ellipsenfläche F. Die Zeit, die der Planet vom Perihel Π (Fig. 7) bis zur Stelle P braucht, heiße t; in dieser Zeit wird vom Radius die Fläche ΠSP bestrichen. Nach dem 2. Keplerschen Gesetze besteht nun folgende Proportion:

$$U : t = F : \Pi SP.$$

Den Kreis mit dem Mittelpunkte M und dem Radius a dreht man jetzt um den Durchmesser $A\Pi$ aus der Zeichenebene heraus, bis die Ellipse als seine senkrechte Projektion erscheint. Dies tritt ein, wenn K senkrecht über P liegt. Die Fläche F ist dann die Projektion der Kreisfläche $a^2\pi$ und ΠSP ist Projektion von ΠSK. Zwischen den eben genannten Flächen

1) Siehe Bd. 29 dieser Sammlung: Baruch, die Grundlagen unserer Zeitrechnung, Nr. 9.

des Kreises besteht dasselbe Größenverhältnis wie zwischen ihren Projektionen, also ist

$$F : \Pi SP = a^2\pi : \Pi SK.$$

Aus beiden Proportionen folgt

$$U : t = a^2\pi : \Pi SK.$$

Nach Fig. 7 ist aber $\Pi SK = \Pi MK - SMK$

oder $\Pi SK = \frac{1}{2} MK \cdot \widehat{K\Pi} - \frac{1}{2} SM \cdot KL.$

Ist E in Bogenmaß der Winkel ΠMK, so ist der Bogen $\widehat{K\Pi} = aE$, folglich

$$\Pi SK = \frac{1}{2} a \cdot aE - \frac{1}{2} ae \cdot a \sin E = \frac{a^2}{2}(E - e \sin E).$$

Setzt man dies in die letzte Proportion ein, so erhält man nach einer kleinen Umstellung

$$\frac{2\pi}{U} \cdot t = E - e \sin E. \qquad (1)$$

Wir denken uns nun, daß sich um die Sonne ein Radius von der Länge 1 mit gleichförmiger Geschwindigkeit in U Tagen herumdrehe, wobei also sein Endpunkt den Bogen 2π beschreibt. In einem Tage wird der Endpunkt des Radius dann den Bogen $\frac{2\pi}{U}$ zurücklegen. Das ist der in Bogenmaß gemessene Winkel, den ein gedachter Planet an einem Tage beschreiben würde, wenn er mit gleichförmiger Winkelgeschwindigkeit seinen Umlauf in U Tagen vollendete. Man nennt den Winkel

$$\frac{2\pi}{U} = n$$

die *mittlere tägliche Bewegung* (in einem mittleren Sonnentage) des Planeten, weil n der Durchschnitts- oder Mittelwert der täglichen Bewegung ist.

Befindet sich der gedachte Planet zur Zeit $t = o$ im Perihel, so hat er nach t Tagen einen Winkel $nt = M$ zurückgelegt, der seine *mittlere Anomalie* zur Zeit t heißt. Gleichung (1) nimmt damit die Form an:

$$E - e \sin E = M \text{ (\textit{Keplersche Gleichung.})} \qquad (2)$$

Will man wissen, zu welcher Zeit ein Planet einen bestimmten Ort (r, v) seiner Bahn erreicht, so hat man aus den Gleichungen (2) und (7) oder (6) der vorigen Nummer E zu berechnen. Hierauf findet man t aus der Keplerschen Gleichung, die man schreibt:

$$t = \frac{E - e \sin E}{n}.$$

Bei der sog. *Ephemeridenrechnung* liegt die schwierigere Aufgabe vor, den Ort des Planeten für eine vorgeschriebene Zeit zu berechnen. Wörtlich übersetzt würde Ephemeride eine tägliche Aufzeichnung bedeuten, man versteht aber allgemeiner unter einer Planetenephemeride eine Tafel, die die Örter eines Planeten in gewissen, konstanten Zeitintervallen enthält, die nicht gerade 1 Tag zu sein brauchen. Bei Aufstellung einer Ephemeride ist t bekannt, die Unbekannte der Keplerschen Gleichung ist E. Da sich diese Gleichung in bezug auf E nicht in geschlossener Form auflösen läßt[1]), so kann man E nur durch ein Näherungsverfahren bestimmen, wofür die Astronomen verschiedene bequeme Methoden ausgearbeitet haben. Ist E bekannt geworden, so erhält man aus Gleichung (2) und (7) der Nr. 6 den Ort (r, v) für die gewünschte Zeit.

In dem gedachten Planeten, dessen Anomalie gleichförmig wächst, hat die heutige Astronomie ein altes Erbstück aus der griechischen Astronomie übernommen. Damals stellte man sich z. B. die wahre Bewegung der Sonne um die Erde als gleichförmige Kreisbewegung vor, nur unsere exzentrische Stellung zur Sonnenbahn sollte uns eine verschiedene Geschwindigkeit der Sonne vortäuschen (vgl. Bd. 40 dieser Sammlung: Kirchberger, Geschichte der Astronomie, S. 10), und es entstand die Frage, wie sollte man aus der gleichförmigen Bewegung der Sonne, also aus ihrer mittleren Anomalie, ihre wahre Anomalie finden, und umgekehrt. Dies alte Problem findet vom heliozentrischen Standpunkte aus in der Keplerschen Gleichung seine Lösung durch Einführung des Hilfswinkels E. In Nr. 9 werden wir den Zusammenhang dieser Frage mit der Zeitrechnung kennen lernen.

Die vorher eingeführte Größe U heißt die *siderische Umlaufszeit* (von sidus = Gestirn), weil nach dieser Zeit der Planet, von der Sonne gesehen (heliozentrisch), unter den Fixsternen wieder dieselbe Stellung hat. Für die Erde beträgt

$$U = 365,256 \text{ mittlere Sonnentage},$$

also ist ihre mittlere tägliche Bewegung

$$u = \left(\frac{360 \cdot 60 \cdot 60}{365,256}\right)'' = 3548'',19.$$

1) Die Auflösung kann nur durch Reihenentwicklung geschehen.

Beim Jupiter haben wir

$$U_1 = 4332{,}588 \text{ Tage,}$$

folglich

$$u_1 = \left(\frac{360 \cdot 60 \cdot 60}{4332{,}588}\right)'' = 299'',13.$$

8. LAGE DER BAHN IM RAUME

Bisher sind wir erst imstande, die Stellung eines Planeten innerhalb seiner Bahnebene anzugeben. Nun liegen aber die Bahnen der Planeten in verschiedenen Ebenen, und die Apsidenlinien haben verschiedene Richtungen. Wir müssen also sehen, wie man die Lage der Ebene und der Apsidenlinie bestimmen kann. Zu diesem Zwecke denkt man sich um die Sonne eine Kugel mit sehr großem Radius geschlagen, die sog. Himmelskugel, auf welche man auch die Fixsterne projiziert. Die Bahnebene eines Planeten schneidet die Kugel in einem größten Kreise. Die Kugel wird von der Ebene der Erdbahn in einem Kreise geschnitten, der die *Ekliptik* heißt. Die Ekliptik ist zugleich die scheinbare Bahn, welche die Sonne in einem Jahre durchläuft. Gelegentlich bezeichnet man mit dem Worte Ekliptik auch die ganze Erdbahnebene. Bei Frühlingsanfang geht die Sonne im *Widder-* oder *Frühlingspunkt* ♈ durch den Äquator, wobei sie auf die nördliche Himmelshalbkugel tritt.

In Fig. 8 sei E der auf die Himmelskugel von der Sonne aus projizierte Erdort, E♈ die Ekliptik und KP ein Teil einer anderen Planetenbahn, ebenfalls von der Sonne aus projiziert. Der Pfeil gibt die Bewegungsrichtung von Erde und Planet an; dabei ist in der Figur angenommen, daß sich der Beschauer im Innern der Kugel befindet. Die Ekliptik teilt die Kugel in zwei Hälften, von denen diejenige die nördliche heißt, welche den Nordpol des Äquators enthält. In der Zeichnung soll die obere Halbkugel die nördliche sein, so daß der Planet bei K von der südlichen auf die nördliche Seite der Ekliptik tritt. K heißt der *aufsteigende Knoten* der Planetenbahn auf der Ekliptik. Im Gegenpunkt von K, dem *absteigenden Knoten,* geht der Planet

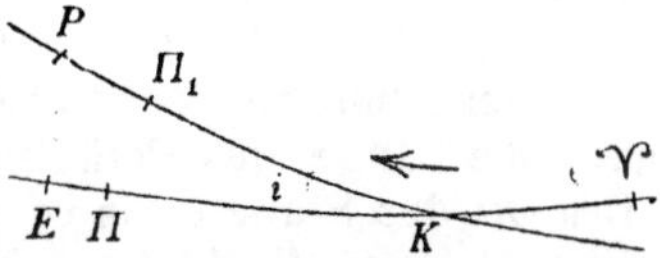

Fig. 8.

durch die Ekliptik auf die südliche Halbkugel über. Der Winkel einer Bahnebene mit der Ekliptik, $i = EKP$, heißt die *Neigung der Bahn.* Unter den großen Planeten hat Merkur mit 7^0 die stärkste Neigung, dagegen sind die Neigungen der kleinen Planeten zum Teil viel beträchtlicher, bei Pallas beträgt die Neigung sogar fast 35^0.

Die Winkel, die man auf der Ekliptik in der Richtung der Sonnen-(Erd-)bewegung zählt, heißen *Längen,* die senkrechten Winkelabstände, von der Ekliptik nach ihren Polen hin gerechnet, sind die *Breiten.* Dabei versteht man unter den Polen der Ekliptik die beiden Punkte, in denen der auf der Ekliptik senkrechte Durchmesser die Himmelskugel schneidet. Der Frühlingspunkt ist der Anfangspunkt der Längen, der Bogen $\Upsilon K = \Omega$ ist demnach die *Länge des aufsteigenden Knotens.* Die Länge des absteigenden Knotens ist um 180^0 verschieden von Ω. Die räumliche Lage der Bahnebene eines Planeten ist durch i und Ω vollständig bestimmt. Es fehlt nur noch eine Angabe über die Lage der Apsidenlinie innerhalb dieser Ebene. Bei der Erde läßt sich die Lage der großen Achse besonders leicht beschreiben: Trifft nämlich die über das Perihel hinaus genommene Verlängerung der großen Achse der Erdbahn die Ekliptik in Π, so messen wir den Bogen $\Upsilon\Pi$, der die *Länge des Perihels* der Erde heißt.

Ist dagegen Π_1 das Perihel der Bahn PK, so wird $K\Pi_1$ der *Abstand des Perihels vom Knoten,* und der gebrochene Bogen $\Upsilon K + K\Pi_1$ die *Länge des Perihels* genannt. Die Richtung der Apsidenlinie, d. h. der Punkt Π_1, ist demnach bekannt, wenn außer der Neigung zwei der folgenden drei Größen gegeben sind:

die Länge des aufsteigenden Knotens ΥK,
der Abstand des Perihels vom Knoten $K\Pi_1$
und die Länge des Perihels $\Upsilon K\Pi_1$.

Den Ort des Planeten in der Bahn bezieht man ebenfalls meistens auf den Frühlingspunkt. Steht der Planet in P, so ist $\Pi_1 P = v$ seine wahre Anomalie; der gebrochene Bogen $\Upsilon K\Pi_1 + v$ heißt die *wahre Länge des Planeten in der Bahn.* Insbesondere erhält man für die *wahre Länge der Erde* $\Upsilon\Pi + \Pi E = \Upsilon E$.

Es sei (Fig. 9) S die Sonne und E die Erde. Die Ebene der Ekliptik fällt in die Zeichenebene. Von der Sonne aus gesehen, *heliozentrisch,* sei S♈ die Richtung nach dem Frühlingspunkte. Die heliozentrische Länge der Erde ist dann der Winkel $\lambda = ♈SE$, um den man den Strahl $S♈$ im positiven Sinne (im Sinne der Erdbewegung) drehen muß, damit er in die Richtung SE fällt. Da die als ♈ bezeichnete Stelle des Fixsternhimmels in unendlich große Entfernung versetzt wird, ist die Richtung von der Erde nach dem Frühlingspunkte, also $E♈$, parallel zu $S♈$. Der Winkel λ tritt daher noch einmal als Gegenwinkel bei E auf. Die *geozentrische* (von der Erde gesehene) *Länge* der Sonne erhält man dadurch, daß man den Strahl $E♈$ im festgesetzten Sinne um E bis in die Richtung ES dreht. Die Figur zeigt, daß diese Drehung $\lambda + 180^0$ beträgt. Also ist die (geozentrische) Länge der Sonne immer um 180^0 größer als die (heliozentrische) Länge der Erde.

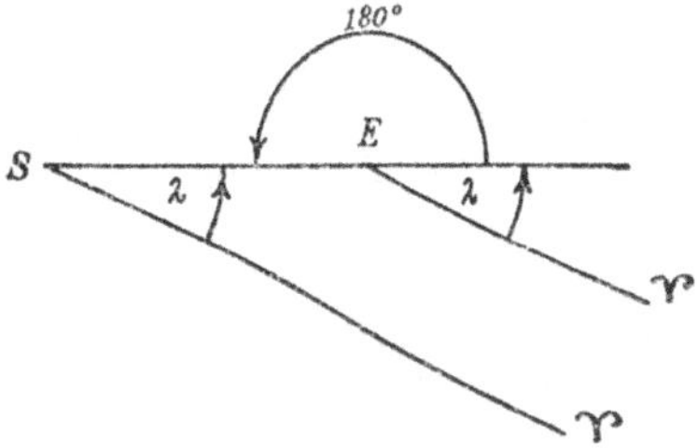

Fig. 9.

In den Sonnentafeln der astronomischen und nautischen Jahrbücher findet man die Länge der Sonne von Tag zu Tag angegeben. Aus diesen Zahlen erhält man sofort die Erdlänge, wenn man 180^0 abzieht. Setzt man z. B. die Länge der Sonne $= 360^0$, wenn sie durch den Frühlingspunkt geht, so hat die Erde in diesem Augenblick die heliozentrische Länge 180^0.

In *Konjunktion* mit der Sonne steht ein Planet, der dieselbe geozentrische (wahre) Länge hat wie die Sonne; er ist mit der Sonne in *Opposition,* wenn die geozentrischen (wahren) Längen von Sonne und Planet um 180^0 verschieden, also die heliozentrischen Längen der Erde und des Planeten gleich sind. Bei der Opposition steht also die Erde zwischen Sonne und Planet. Bei den innern Planeten, Merkur und Venus, gibt es keine Opposition, man hat aber eine *obere* und *untere Konjunktion* zu unterscheiden, je nachdem diese Planeten von uns aus gesehen hinter oder vor der Sonne vorbeigehen.

Addiert man in Fig. 8 zu dem Bogen $♈K\Pi_1$ (Länge des Perihels) die mittlere Anomalie M des Planeten, so erhält man seine *mittlere Länge.* Da diese von der wahren Länge niemals sehr weit verschieden ist, so sind zur Zeit der Opposition oder der unteren Konjunktion die heliozentrischen mittleren Längen von Erde und Planet nahezu gleich. Nun bezeichnet man als *synodische Umlaufszeit* eines Planeten die Zeit zwischen zwei Zeitpunkten, zu denen die Erde und der betreffende Planet gleiche mittlere Länge haben. Nach dem eben Gesagten kann die synodische Umlaufszeit nicht sehr von der Zwischenzeit zweier aufeinander folgenden Oppositionen oder gleichnamigen Konjunktionen abweichen. Darum muß man die synodische Umlaufszeit kennen, wenn man die Zeit einer Opposition angenähert berechnen will.

Da die mittlere Anomalie täglich um den Betrag n wächst, so nimmt die mittlere Länge täglich um denselben Winkel zu. Gehen wir von einer Stellung aus, bei der ein Planet dieselbe mittlere Länge hat wie die Erde, so ist nach einem Tage die Differenz der mittleren Längen gleich dem Unterschiede der mittleren täglichen Bewegungen n (der Erde) und n_1 (des Planeten), also gleich

$$n - n_1, \quad \text{wenn} \quad n > n_1 \quad \text{(äußerer Planet)},$$

oder gleich

$$n_1 - n, \quad \text{wenn} \quad n_1 > n \quad \text{(innerer Planet) ist.}$$

Die mittleren Längen stimmen also wieder überein, wenn diese Differenz zu 360^0 angewachsen ist. Sonach dauert die synodische Umlaufszeit, da n und n_1 in Bogensekunden gegeben sind:

$$\frac{360 \cdot 60 \cdot 60}{n - n_1} \text{ Tage bzw. } \frac{360 \cdot 60 \cdot 60}{n_1 - n} \text{ Tage.}$$

Nach Nr. 7 betrug für die Erde $n = 3548'', 19$
und für den Jupiter $n_1 = 299'', 13$.
Hiermit ergibt sich als synodische Umlaufszeit des Jupiter:

$$\frac{1296000}{3249{,}06} \text{ Tage} = 1 \text{ Jahr } 33 \text{ Tage } 15 \text{ Stunden,}$$

wobei 1 Jahr zu 365,25 Tagen gerechnet ist. Die Venus hat eine mittlere tägliche Bewegung von $5767'', 67$, folglich ist ihre synodische Umlaufszeit:

$$\frac{1296000}{2219{,}48} = 1 \text{ Jahr } 218 \text{ Tage } 16 \text{ Stunden.}$$

Am 31. Dezember 1899 um 12^h Mittag (Berliner Zeit) war die
mittlere Länge der Erde $(\Upsilon\Pi + M) = 99^0\ 39'\ 36''$,
die Länge ihres Perihels $\Upsilon\Pi = 101^0\ 13'\ 15''$;
also ihre mittlere Anomalie $M = -1^0\ 33'\ 39''$.

Um diesen Betrag befand sich die Erde also vor ihrem Perihel. Da ihre mittlere Anomalie täglich um etwa 59′ wächst, so hatte die Erde das Perihel nach etwas mehr als $1\frac{1}{2}$ Tagen, also nach Beginn des 2. Januar erreicht.

9. KEPLERSCHE GLEICHUNG UND ZEITGLEICHUNG

Die Keplersche Gleichung ist von großer Bedeutung für die bürgerliche Zeitrechnung, wie kurz gezeigt werden soll. Dabei wird vorausgesetzt, daß der Leser mit den Grundlagen der Zeitrechnung vertraut ist, wie sie z. B. im Bd. 29 dieser Sammlung auseinandergesetzt werden.

In Nr. 7 wurde ein gedachter Planet eingeführt, der die unveränderliche mittlere tägliche Bewegung n und die mittlere Anomalie $M = nt$ besitzt. Aus der Definition der drei Winkel v, E und M in Nr. 6 und 7 erkennt man sofort, daß alle drei im Perihel gleichzeitig 0^0 und im Aphel 180^0 betragen, daß also der wahre und der gedachte Planet gleichzeitig durch die Apsidenlinie gehen. Da der wahre Planet im Perihel schneller, im Aphel langsamer läuft (Nr. 7), und da er im zweiten Falle eine größere Entfernung von der Sonne hat, so sind zwei Gründe vorhanden, welche den im Laufe eines Tages durchmessenen Ellipsenbogen von der Sonne aus kleiner erscheinen lassen, wenn der Planet im Aphel steht, als wenn er sich im Perihel befindet. Oder mit andern Worten: Der tägliche Zuwachs Δv der wahren Anomalie ist im Perihel am größten, nimmt ab bis zum Aphel und wächst dann wieder auf dem Rückwege zum Perihel. Da der gedachte Planet mit gleichförmiger Winkelgeschwindigkeit um die Sonne läuft, so muß er auf dem Wege vom Perihel zum Aphel hinter dem wahren Planeten zurückbleiben, ihn beim Aphel einholen und ihm auf der zweiten Hälfte der Bahn voraneilen, bis er beim Perihel vom wahren Planeten wieder eingeholt wird. Setzt man

$$M + \Delta M = v, \tag{1}$$

so bedeutet ΔM den Winkel, um den der gedachte Planet in der ersten Hälfte der Bahn hinter dem wahren Planeten zurück ist; für die zweite Hälfte ist ΔM negativ zu nehmen. Dies Glied ΔM heißt die *Mittelpunktsgleichung*[1]). Um sie zu berechnen, kann man so verfahren, daß man mit Hilfe der Formel (6) aus Nr. 6 und der Keplerschen Gleichung M und v von Tag zu Tag berechnet und dann ihre Differenz $v - M = \Delta M$ bildet. Man erhält so eine Tafel, die für jeden Tag die Größe der Mittelpunktsgleichung angibt. Den graphischen Verlauf in einem Jahre veranschaulicht die mit ΔM bezeichnete Kurve in Fig. 10.

Im folgenden wollen wir uns unter dem Planeten die Erde denken. Hat ihr Perihel die Länge Π, so folgt aus (1):

$$(\Pi + M) + \Delta M = (\Pi + v),$$

oder, wenn man die eingeklammerten Winkel l und λ nennt,

$$l + \Delta M = \lambda. \qquad (2)$$

Nach Nr. 8 ist λ die *wahre Länge* der Erde in ihrer Bahn und l die *mittlere Länge*, die man auch als Länge einer gedachten Erde deuten kann, die sich mit gleichförmiger Winkelgeschwindigkeit um die Sonne bewegt. Fügt man in Gleichung (2) beiderseits 180^0 hinzu, so erhält man nach Nr. 8 die geozentrischen Sonnenlängen. Es bedeutet dann

$$180^0 + l = L$$

die Länge einer Sonne, die in einem Jahre mit der mittleren täglichen Bewegung n um die Erde zu laufen scheint und daher die mittlere Sonne der Ekliptik genannt wird.

$$180^0 + \lambda = \Lambda$$

ist dagegen die Länge der wahren Sonne. Zwischen beiden Längen besteht also die Gleichung

$$L + \Delta M = \Lambda. \qquad (3)$$

Nennt man die Rektaszension der wahren Sonne A, so sei

$$\Lambda + \Delta\Lambda = A. \qquad (4)$$

Hier ist $\Delta\Lambda$ ein Zusatzglied, das man zur wahren Länge hinzufügen muß, um die Rektaszension zu erhalten. Da A auf dem Äquator gezählt wird, kann man $\Delta\Lambda$ die *Reduktion auf*

1) Das Wort Gleichung wird hier wie in dem Worte Zeitgleichung in einer andern Bedeutung als sonst gebraucht, etwa im Sinne von „Ausgleich“.

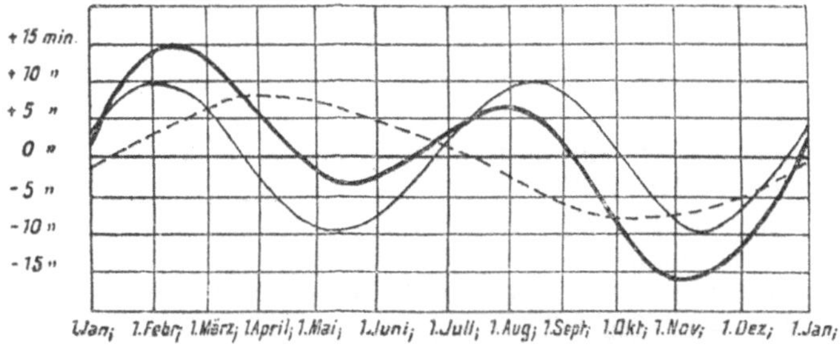

Fig. 10. Jährlicher Verlauf der { Reduktion auf den Äquator $\Delta\Lambda$ / Mittelpunktsgleichung ΔM / Zeitgleichung Δt }

den Äquator nennen. Ihren graphischen Verlauf zeigt die Kurve $\Delta\Lambda$ der Fig. 10.

Wir nehmen jetzt an, daß wir die Länge Λ, welche in (4) vorkommt, aus (3) berechnen, und erhalten durch Zusammensetzung beider Gleichungen:

$$L + \Delta M + \Delta\Lambda = A. \tag{5}$$

Diese Gleichung faßt die ganze Rechnung zusammen, wie man aus der Länge L der mittleren Sonne der Ekliptik durch Anbringung der Mittelpunktsgleichung ΔM die wahre Sonne der Ekliptik und durch Hinzufügung der Reduktion auf den Äquator $\Delta\Lambda$ die wahre Sonne im Äquator erhält.

Wir definieren nun eine *mittlere Sonne des Äquators*, die sich mit gleichförmiger Geschwindigkeit im Äquator bewegen soll und deren *Rektaszension immer gleich der mittleren Länge L* ist, welche auf der Ekliptik gezählt wurde. Die mittlere Sonne des Äquators legt also täglich auf dem Äquator den Bogen n zurück und trifft die mittlere Sonne der Ekliptik bei den Äquinoktialpunkten (Schnittpunkten von Äquator und Ekliptik). Die Zeit zwischen zwei aufeinanderfolgenden Kulminationen der mittleren Sonne des Äquators ist eine konstante Größe und heißt ein *mittlerer Sonnentag*, eingeteilt in 24 Stunden *mittlerer Zeit*. Dieser Tag ist nicht nur die bürgerliche Zeiteinheit, sondern liegt auch vielen astronomischen Angaben zugrunde, wie der Umlaufszeit und der mittleren täglichen Bewegung der Planeten.

Im folgenden soll unter L die Rektaszension dieser mittleren Sonne des Äquators verstanden werden. In Fig. 11

sei $M\Upsilon$ der Äquator, M der Schnittpunkt desselben mit dem Meridian, S_w der Punkt, in welchem der durch die wahre Sonne gelegte Deklinationskreis den Äquator schneidet, S_m die mittlere Sonne des Äquators. Der Stundenwinkel der mittleren Sonne MS_m heißt die

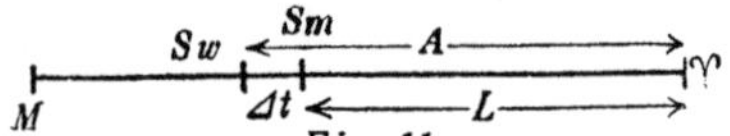

Fig. 11.

mittlere Sonnenzeit, der Stundenwinkel der wahren Sonne MS_w die *wahre Sonnenzeit*. Ferner ist $\Upsilon S_w = A$ und $\Upsilon S_m = L$. Die Differenz beider Stundenwinkel ist

$$\Delta t = S_m S_w = A - L.$$

Nach (5) kann man hierfür schreiben:

$$\Delta t = \Delta M + \Delta \Lambda. \tag{6}$$

Die Größe Δt muß man also *zur wahren Sonnenzeit* (MS_w) *hinzufügen, um die mittlere Sonnenzeit* (MS_m) *zu erhalten.* Diese Korrektion der wahren Sonnenzeit heißt die *Zeitgleichung.* Sie erscheint hier als Winkel, kann aber sofort in Sternzeit verwandelt werden, da $360^0 = 24^h$ Sternzeit sind.[1]) Für die praktische Anwendung gibt man aber die Zeitgleichung in mittlerer Zeit an, wobei man bei der Umrechnung berücksichtigt, daß ein mittlerer Tag um nahezu 4 Minuten länger ist als ein Sterntag. Man erhält die graphische Darstellung der Zeitgleichung Δt (Fig. 10), indem man nach Gleichung (6) die Ordinaten der Kurven ΔM und $\Delta \Lambda$ an jeder Stelle addiert.

Der positive und negative Teil der ΔM-Kurve hat verschiedene Länge, weil der Sommer (auf der nördlichen Halbkugel) infolge der langsameren Bewegung der Erde länger ist als der Winter. Da der positive Teil der ΔM-Kurve länger ist als der negative, so liegt das Minimum dieser Kurve dem letzten Minimum der $\Delta \Lambda$-Kurve etwas näher als ihr Maximum dem ersten Maximum der $\Delta \Lambda$-Kurve. Folglich verstärken sich die Minima mehr, als die Maxima es tun. Daher beträgt der kleinste Wert von Δt: -16^m, sein größter nur $+14^m$.

---

1) Man pflegt die Winkel auf dem Äquator immer in Sternzeit anzugeben.

10. DAS DRITTE KEPLERSCHE GESETZ DIE BAHNELEMENTE

Sind a und a_1 die halben großen Achsen zweier Bahnellipsen und U und U_1 die siderischen Umlaufszeiten in mittleren Sonnentagen gemessen, so lautet das dritte Keplersche Gesetz:

$$\frac{a^3}{a_1^3} = \frac{U^2}{U_1^2}. \tag{1}$$

Nennt man die mittleren täglichen Bewegungen n und n_1, so ist nach Nr. 7: $\frac{2\pi}{U} = n$, $\frac{2\pi}{U_1} = n_1$. Gleichung (1) bekommt nach Einführung von n und n_1 die Gestalt:

$$\frac{a^3}{a_1^3} = \frac{n_1^2}{n^2} \quad \text{oder} \quad a^3 n^2 = a_1^3 n_1^2 = C. \tag{2}$$

Diese Gleichung drückt aus, daß das Produkt aus der dritten Potenz der halben großen Achse und dem Quadrate der mittleren täglichen Bewegung bei allen Planetenbahnen denselben Wert C hat. Wir wollen jetzt eine Beziehung zwischen den Konstanten des 2. und 3. Keplerschen Gesetzes aufsuchen.

Eine Ellipse mit den Halbachsen a und b hat die Fläche $ab\pi$, die der Radius Vektor in der Zeit U überstreichen möge. In der Zeiteinheit (ein Tag) beschreibt daher der Radius die Fläche

$$\frac{ab\pi}{U} = \frac{c}{2}. \tag{3}$$

Durch diese Gleichung definieren wir die Konstante c des 2. Keplerschen Gesetzes, die auch die *Flächengeschwindigkeit* des Planeten heißt. Nach einem bekannten Satze über die Ellipse setzen wir in (3):

$$b = \sqrt{ap},$$

wo p den in Nr. 6 eingeführten Parameter bedeutet. Dann ist

$$c = \frac{2\pi}{U} \cdot \alpha^{\frac{3}{2}} \sqrt{p}.$$

Mit
$$\frac{2\pi}{U} = n,$$

erhält man:
$$c = n \cdot a^{\frac{3}{2}} \sqrt{p}.$$

Nun ist nach (2): $n \cdot a^{\frac{3}{2}} = \sqrt{C}$,

daher $$c = \sqrt{Cp}. \tag{4}$$

Diese Gleichung stellt die gesuchte Beziehung zwischen den Konstanten c und C dar. Die Flächengeschwindigkeit hängt hiernach einerseits vom Zahlenwert der Konstanten C ab, die im wesentlichen der Sonnenmasse proportional ist, wie wir in Nr. 14 sehen werden. Daß die Planeten aber *verschiedene* Flächengeschwindigkeiten haben, rührt andererseits nach (4) von den Parametern ihrer Bahnen her.

Aus (4) und dem Flächensatz kann man umgekehrt das 3. Keplersche Gesetz herleiten, also ersetzt (4) dieses Gesetz. Bei Kometen, welche in ungeschlossenen Kegelschnitten — Parabeln oder Hyperbeln — an der Sonne vorübergehen, verliert das 3. Gesetz seinen Sinn, weil man nicht von Umlaufszeit reden kann. Dagegen bleibt die Gleichung (4) bestehen, welche somit das umfassendere Gesetz darstellt und das 3. Keplersche Gesetz bei den ungeschlossenen Bahnen vertritt.

Zur zahlenmäßigen Prüfung des 3. Gesetzes schreibt man statt (1) vorteilhafter:

$$\frac{a^3}{U^2} = \frac{a_1^3}{U_1^2} \tag{1a}$$

Der Quotient ergibt nahezu für jeden Planeten den gleichen Wert. Kepler hielt die Abweichungen von (1a) für eine Folge von Beobachtungsfehlern, weil er fest überzeugt war von einer die Planetenwelt beherrschenden Zahlenharmonie. Die folgende Tabelle zeigt an dem Beispiele der acht großen Planeten sowie des kleinen Planeten Pallas, wie weit bei Zugrundelegung der neuesten Werte für a und U das dritte Keplersche Gesetz erfüllt ist. Wie schon in Nr. 7 gesagt wurde, wird für die Erdbahn $a = 1$ gesetzt.

	Merkur	Venus	Erde	Mars	Pallas
a	0,3871	0,7233	1,0000	1,5237	2,770
U	87,969	224,701	365,256	686,980	1684
$\frac{a^3}{U^2}$	$7496 \cdot 10^{-9}$	$7495 \cdot 10^{-9}$	$7496 \cdot 10^{-9}$	$7496 \cdot 10^{-9}$	$7495 \cdot 10^{-9}$

	Jupiter	Saturn	Uranus	Neptun
a	5,2028	0,5388	19,1910	30,0707
U	4332,59	10759,20	30685,93	60187,65
$\frac{a^3}{U^2}$	$7502 \cdot 10^{-9}$	$7498 \cdot 10^{-9}$	$7506 \cdot 10^{-9}$	$7506 \cdot 10^{-9}$

Man sieht, daß sich die Planeten mit größerer Masse (Jupiter bis Neptun) dem Gesetze weniger gut einfügen als diejenigen mit kleiner Masse. Wir werden die Gründe der Abweichungen vom dritten Keplerschen Gesetze noch kennen lernen, vorläufig wollen wir das Gesetz als streng erfüllt annehmen. Hieraus folgt, daß a und n nicht als zwei voneinander unabhängige Größen betrachtet werden dürfen, denn es ist immer $a^3 \cdot n^2 = C$. Man kann aus dieser Gleichung die halbe große Achse einer Bahn berechnen, wenn man die Umlaufszeit beobachtet und daraus n bestimmt hat.

Man bezeichnet als die *Elemente einer Bahn* die Bestimmungsstücke, die ausreichen, um die Form und Lage der Bahn, sowie die Bewegung des Planeten vollständig zu beschreiben. Nach den bisherigen Auseinandersetzungen sind wir imstande, diese Elemente anzugeben:

Zwei Elemente bestimmen zunächst die *Größe* und *Gestalt* der *Bahn*, nämlich a, wofür auch n eintreten kann, und e (numerische Exzentrizität).

Drei Elemente geben die *Lage* der Ellipse *im Raume* an, bezogen auf eine Grundebene, die bei praktischen Rechnungen die Ekliptik ist. Diese Elemente können sein: Der Abstand des Perihels vom Knoten, die Länge des Knotens und die Neigung. (Vgl. Nr. 8.)

Als *sechstes* und letztes Element kommt noch die sog. *Epoche* hinzu, das ist die Zeit t_0, zu welcher der Planet eine bestimmte mittlere Anomalie hat. In dem Beispiele am Schlusse von Nr. 8 war die Epoche 1899 Dez. 31 mittags 12^h (Berliner Zeit).

Bewegungsgesetze für die Kometen aufzustellen gelang Kepler noch nicht; erst Newton (1643—1727) erkannte, daß auch diese Himmelskörper entweder Ellipsen um die Sonne beschreiben, wobei sie dieselben Gesetze befolgen wie die Planeten, oder daß ihre Bahnen ungeschlossene Kegelschnitte (Parabeln oder Hyperbeln) seien. Die ersten beiden

Keplerschen Gesetze gelten anch in diesem Falle, nur hat man das Wort *„Ellipse"* durch *„Kegelschnitt"* zu ersetzen. An Stelle des 3. Gesetzes tritt dagegen, wie bereits gesagt, die Gleichung (4).

Weil die Größe einer Parabel schon durch den Parameter bestimmt ist, sind zur Beschreibung einer *parabolischen* Bahn nur *fünf Elemente* nötig.

11. DIE TREIBENDE KRAFT BEI DER PLANETENBEWEGUNG

Die Bahnen der großen Planeten können mit großer Annäherung als Kreisbahnen angesehen werden. In diesem Falle hat der Planet von der Sonne, die im Mittelpunkte steht, immer die gleiche Entfernung; seine Geschwindigkeit ist also nach dem zweiten Keplerschen Gesetze konstant. Wir haben es dann mit einer gleichförmigen Kreisbewegung zu tun, deren Beschleunigung nach Nr. 3 gegen den Kreismittelpunkt gerichtet ist und die Größe $n^2 a$ hat. Setzen wir hierin nach Nr. 10 (2): $n^2 = \frac{C}{a^3}$, so wird die nach der Sonne gerichtete

$$\text{Beschleunigung} = \frac{C}{a^2},$$

ist also umgekehrt proportional dem Quadrate der Entfernung. Dieser Satz für die gleichförmige Kreisbewegung heißt auch das Wrensche Gesetz, nach einem älteren Zeitgenossen Newtons. In der folgenden Tabelle sind die Zahlen für $\frac{C}{a^2}$ für die acht großen Planeten zusammengestellt (nach Jaumann a. a. O.). Als Einheiten sind cm und sec genommen.

Merkur	4,11	Jupiter	0,0221
Venus	1,17	Saturn	0,0070
Erde	0,591	Uranus	0,00167
Mars	0,254	Neptun	0,00066

Wir wollen jetzt die Beschleunigung für die genaue, elliptische Bahnform aufsuchen.

Die Ellipse in Fig. 12 stelle eine Planetenbahn dar. Die Sonne steht in einem Brennpunkte *S*. Die Endpunkte der großen Achse sind das Perihel Π und das Aphel *A*. Die halben Achsen heißen *a* und *b*. Der zweite Brennpunkt ist

H. Befindet sich der Planet in P, so ist in der Ellipse bekanntlich

$$SP + PH = 2a.$$

Wir bestimmen jetzt auf der Verlängerung von SP einen Punkt U so, daß $PH = PU$ ist. Dann wird also

$$SP + PU = SU = 2a.$$

Rückt der Planet nach Q, so machen wir die entsprechende Konstruktion und finden einen Punkt V auf der Verlängerung von SQ, wobei

$$QH = QV,$$

so daß

$$SV = 2a$$

wird. Wandert also der Planet um die Ellipse, so beschreiben die Punkte U, V, ... einen Kreis um S mit dem Radius $2a$, den sog. „Leitkreis". Ist Z die Mitte der Grundlinie des gleichschenkligen Dreiecks HUP, so beweist man in der Lehre von den Kegelschnitten, daß ZP Tangente an die Ellipse in P ist. Die Tangente fällt also mit dem Mittellote von HU zusammen. Man fälle auf diese Tangente von S aus das Lot SY. Nach einem bekannten Satze über die zwei von den Brennpunkten auf eine Tangente gefällten Lote gilt die Gleichung:

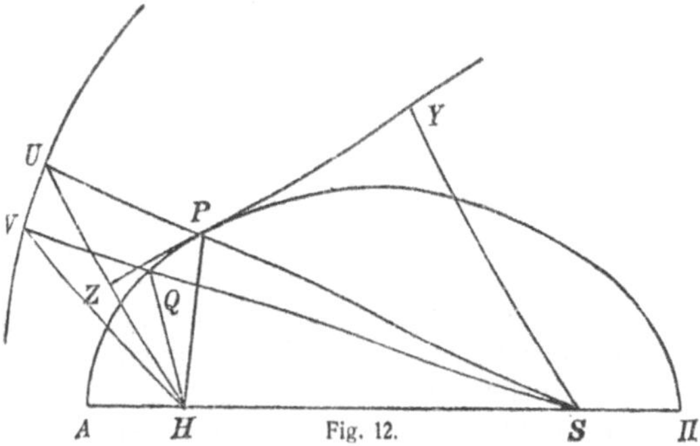

Fig. 12.

$$SY \cdot HZ = b^2 \tag{1}$$

Wir leiten nunmehr eine zweite Gleichung für SY aus dem 2. Keplerschen Gesetze ab. Die (tangentiell gerichtete) Geschwindigkeit des Planeten an der Stelle P heiße u. Wir betrachten u als Grundlinie eines Dreiecks, das der Radius-Vektor in einem mittleren Sonnentage überstreicht und das nach Nr. 10 (3) die Fläche $\frac{c}{2}$ hat. Die zugehörige Höhe des Dreiecks ist das von S auf die Tangente gefällte Lot SY. Für die doppelte Fläche dieses Dreiecks hat man:

$$u \cdot SY = c. \tag{2}$$

Die Elimination von SY aus (1) und (2) ergibt:

$$u = \frac{c}{b^2} \cdot HZ.$$

Hierin setzen wir nach der Figur $HZ = \frac{1}{2} HU$ und erhalten:

$$u = \frac{c}{2b^2} \cdot HU. \tag{3}$$

Bezeichnen wir die Geschwindigkeit des Planeten in Q mit u_1, so ist

$$u_1 = \frac{c}{2b^2} \cdot HV. \tag{3a}$$

Die von H nach dem Leitkreise gehenden Strahlen $HU, HV, \ldots$ sind also den Geschwindigkeiten in den entsprechenden Ellipsenpunkten $P, Q, \ldots$ proportional. Jeder Strahl, z. B. HU, steht auf der Richtung der zugehörigen Geschwindigkeit, nämlich PZ, senkrecht. Drehen wir also den Leitkreis um den Punkt H im Sinne der Planetenbewegung um 90^0 herum, so wird jeder Strahl der entsprechenden Geschwindigkeit parallel. Tragen wir nunmehr die Geschwindigkeiten auf den zugehörigen Strahlen ab, so liegen die Endpunkte nach Gleichung (3) und (3a) wieder auf einem Kreise. Da seine Konstruktion nach Nr. 3 der des Hodographen entspricht, so haben wir folgenden Satz bewiesen: Beschreibt man um das Anziehungszentrum den Leitkreis und dreht diesen um den anderen Brennpunkt um 90^0 im Sinne der Planetenbewegung, so ist der *Leitkreis in der neuen Lage, von einem konstanten Faktor abgesehen, der Hodograph der Planetenbewegung.* Der konstante Faktor ist selbstverständlich, weil die Größe des Hodographen von der Zeiteinheft abhängt, die des Leitkreises aber nicht.

Wir wollen den Proportionalitätsfaktor $\frac{c}{2b^2}$ aus Gleichung (3) auf seine Größe hin untersuchen. Nach Nr. 10 (3) ist.

$$\frac{c}{2} = \frac{\pi a b}{U} \quad \text{also:} \quad \frac{c}{2b^2} = \frac{\pi}{U} \cdot \frac{a}{b}.$$

Bei Planetenbahnen ist $\frac{a}{b}$ nahezu gleich 1 und $\frac{\pi}{U}$ ein kleiner Bruch < 1, also ist $\frac{c}{2b^2} < 1$, nach (3) ist somit $u < HU$, wie auch die unmittelbare Anschauung lehrt.

Wir können bei vielen mathematischen Betrachtungen den

Leitkreis an Stelle des Hodographen setzen, wenn wir nur auf den Proportionalitätsfaktor und die erforderliche Drehung um 90^0 achten. Wir werden am Leitkreise z. B. die Beschleunigung des Planeten mit Benutzung des Satzes in Nr. 3 berechnen.

Wenn der Planet 1 Tag braucht, um von P nach Q zu kommen, hat sich U in derselben Zeit nach V bewegt. Lägen U und V auf dem Hodographen, so würde UV die Beschleunigung des Planeten darstellen. Nach dem Vorigen können wir nur sagen, daß *UV der Beschleunigung proportional* ist. Die Richtung derselben steht senkrecht auf UV und zeigt nach dem Kreisinnern hin. UV fällt als sehr kleine Strecke in die Tangente des Leitkreises, also fällt die *Beschleunigung* und damit die treibende Kraft in den Radius, ist sonach *gegen die Sonne gerichtet.* Man sagt darum auch, der Planet werde *von der Sonne angezogen.*

Bezeichnen wir SP mit r und bestreicht der Radius-Vektor an einem mittleren Sonnentage den Winkel Δv in Bogenmaß, so ist, wie in Nr. 7 bei der Marsbewegung gezeigt wurde, die in der Zeiteinheit bestrichene Fläche

$$SPQ = \frac{1}{2} r^2 \Delta v = \frac{c}{2},$$

letzteres nach Nr. 10 (3). Also ist

$$\Delta v = \frac{c}{r^2}.$$

Andererseits ist der Bogen

$$UV = SU \cdot \Delta v = 2a \cdot \Delta v.$$

Folglich ist
$$UV = 2a \cdot \frac{c}{r^2}.$$

Nach dem vorher Gesagten erhält man die Beschleunigung, wenn man UV mit dem Proportionalitätsfaktor $\frac{c}{2b^2}$ aus Gleichung (3) multipliziert. Wir setzen noch $b^2 = ap$ und finden als

$$\text{Beschleunigung} = \frac{c^2}{p} \cdot \frac{1}{r^2} = \frac{C}{r^2}. \tag{4}$$

Der zweite Wert folgt aus Nr. 10 (4). Gleichung (4) stellt die Beschleunigung in der einfachsten Form dar und besagt, daß die *Anziehungskraft umgekehrt proportional dem Qua-*

drate der Entfernung von der Sonne ist (*1. Teil des Newtonschen Gesetzes*).

Von den beiden in Gleichung (4) gefundenen Werten für die Beschleunigung enthält der erste: $\frac{c^2}{p} \cdot \frac{1}{r^2}$ noch Konstante, die sich von Planet zu Planet ändern. Dagegen drückt der erst mit Hilfe des 3. Keplerschen Gesetzes gefundene Wert $\frac{C}{r^2}$ aus, daß die Beschleunigung der Planeten nicht von den jedem Planeten eigentümlichen Konstanten abhängt, sondern eine reine Ortsfunktion (d. h. Funktion der Entfernung r von der Sonne) ist, denn C war nach Nr. 10 (2) eine allgemeine Konstante des Sonnensystems. Man ersieht daraus, welche besondere Bedeutung dem 3. Keplerschen Gesetze zukommt, und inwieweit es die aus dem 1. und 2. Gesetze gezogenen Folgerungen vertieft.

Bisher haben wir nur von elliptischen Bahnen gesprochen, ein großer Teil der Kometen bewegt sich aber in Parabeln oder Hyperbeln, kommt also der Sonne nur einmal nahe, um dann wieder zu verschwinden. Bei der Parabel ist der Leitkreis ausgeartet in eine Gerade, nämlich die Leitlinie, der Hodograph der parabolischen Bewegung ist daher auch eine Gerade. Man kann bei Parabel und Hyperbel geometrische Überlegungen anstellen, die denen bei der elliptischen Bewegung entsprechen, und kommt auch zur Gleichung (4): d. h. die Kometen werden ebenfalls nach dem Newtonschen Gesetze von der Sonne angezogen.

Newton war der erste, welcher aus den Keplerschen Gesetzen obigen Satz für die Beschleunigung der Planeten (bzw. Kometen) abgeleitet hat. Er bewies aber auch zugleich die wichtige Umkehrung des Satzes, daß nämlich *jeder Körper, der von der Sonne umgekehrt proportional dem Quadrate der Entfernung angezogen wird, einen Kegelschnitt beschreiben* muß:

Denken wir uns nämlich zunächst einen Körper, der nach den Keplerschen Gesetzen um die Sonne einen Kegelschnitt beschreibt und zur Zeit t_0 mit der Geschwindigkeit u_0 durchs Perihel geht. Auf den Körper wirkt dann eine Kraft nach dem von Newton aufgestellten Gesetze. Wenn wir die genannten Anfangsbedingungen beibehalten, gibt es unter dem Einflusse des Newtonschen Kraftgesetzes nur *eine einzige* Bahn, wie aus Nr. 2 folgt; d. h. ein Körper, der bei den gleichen Anfangsbedingungen eine andere Bahn beschriebe als den

Kegelschnitt, von dem wir ausgingen, würde nicht umgekehrt proportional dem Quadrate der Entfernung nach der Sonne hin beschleunigt werden. Das Newtonsche Gesetz muß also zu dem Kegelschnitt führen, womit obiger Umkehrungssatz bewiesen ist.

Anm. Der vorstehende (indirekte) Beweis findet sich bei Möbius in der Mechanik des Himmels. Gewöhnlich beweist man aber nach dem Vorgange von Newton direkt, daß die Gleichung der Bahnkurve, die aus dem Gravitationsgesetz folgt, ein Kegelschnitt ist. Für fortgeschrittnere Leser sei bemerkt, daß das übliche Beweisverfahren darin besteht, aus dem Gesetz von der Erhaltung der Energie und der Flächen die Zeit zu eliminieren. Man erhält dadurch die Polargleichung eines Kegelschnitts, allerdings ist dabei eine Integration auszuführen.

Die *Form* des Kegelschnittes hängt vom Ort und von der Geschwindigkeit zur Zeit t_0 ab. Aus dem Newtonschen Anziehungsgesetz folgt also das erste Keplersche Gesetz und nach Nr. 4 auch das zweite. Wir wollen nunmehr auch das *dritte Keplersche Gesetz aus dem Anziehungsgesetz* ableiten:

Aus dem ersten und zweiten Keplerschen Gesetze hatten wir für die Beschleunigung in Gleichung (4) den Wert $\frac{c^2}{p} \cdot \frac{1}{r^2}$ hergeleitet. Wir setzen jetzt außer diesen beiden Gesetzen noch das Newtonsche voraus, d. h. daß die

$$\text{Beschleunigung} = \frac{C}{r^2}$$

sei. Werden beide Werte der Beschleunigung einander gleichgesetzt, so erhält man:

$$\frac{c^2}{p} = C. \qquad (5)$$

Nun kann man nach Nr. 10 das zweite Keplersche Gesetz auf die Form bringen:

$$c = n \cdot a^{\frac{3}{2}}\sqrt{p}.$$

Diesen Wert setzt man in (5) für c ein und bekommt:

$$a^3 n^2 = C;$$

dies ist aber das dritte Keplersche Gesetz in der Gestalt, die wir aus Nr. 10 (2) kennen.

Unsere Betrachtungen haben sich nunmehr zu einem vollständigen Kreise geschlossen: Das Newtonsche Gesetz erschien als eine Folge der Keplerschen Gesetze und diese können wiederum aus dem ersteren abgeleitet werden, so daß das Gesetz von Newton einerseits und die Sätze Keplers andererseits uns vorläufig wie gleichwertige, wenn auch verschiedene Ausdrucksweisen vorkommen, um die Bewegung *eines* Planeten um die Sonne zu beschreiben. Bei der Bewegung *mehrerer* Planeten um das Zentralgestirn (worauf wir in Nr. 18 noch zu sprechen kommen) gelten die Keplerschen Gesetze dagegen nicht mehr streng, und in diesem Fall muß man auf das Newtonsche Gesetz, das immer gültig bleibt, zurückgreifen.

Da wir in diesem Abschnitte den Hodographen behandelt haben, soll mit seiner Hilfe an dieser Stelle ein später zu brauchender Wert für das Quadrat der Geschwindigkeit u^2 des Planeten abgeleitet werden. Aus den Gleichungen (1) und (2) hatten wir abgeleitet:

$$u = \frac{c}{b^2} \cdot HZ.$$

Also ist

$$u^2 = \frac{c^2}{b^4} \cdot (HZ)^2.$$

Hierin soll $(HZ)^2$ durch den Radius-Vektor und die Konstanten der Ellipse ausgedrückt werden. Aus der Ähnlichkeit der Dreiecke: $\Delta PZU \sim \Delta PYS$ folgt auch:

$$\Delta PZH \sim \Delta PYS \quad \text{und hieraus:} \quad \frac{HZ}{SY} = \frac{r_1}{r},$$

wo $r_1 = HP$ ist. Diese Gleichung wird mit (1) multipliziert. Dabei hebt sich SY heraus und es bleibt:

$$(HZ)^2 = b^2 \cdot \frac{r_1}{r}.$$

Diesen Wert setzt man in u^2 ein und bekommt:

$$u^2 = \frac{c^2}{b^4} \cdot \frac{r_1}{r}. \tag{6}$$

Wir wollen aus diesem Ausdruck noch r_1 und b beseitigen. Dazu dient die Brennstrahleigenschaft der Ellipse:

$$r + r_1 = 2a,$$

woraus folgt: $r_1 = 2a - r.$

Ferner setzen wir: $b^2 = ap.$

Mit diesen Werten für r_1 und b^2 erhalten wir aus (6):

$$u^2 = \frac{c^2}{p} \cdot \frac{2a - r}{ar} = \frac{c^2}{p}\left(\frac{2}{r} - \frac{1}{a}\right).$$

Führt man schließlich nach Nr. 10 (4): $\frac{c^2}{p} = C$ ein, so ergibt sich:

$$u^2 = C\left(\frac{2}{r} - \frac{1}{a}\right), \tag{7}$$

ein bei der Planetenbewegung viel gebrauchter Ausdruck.

12. DIE BAHNBESTIMMUNG

Die *Bahnbestimmung* hat zur Aufgabe, aus wenigen Beobachtungen eines Gestirns seine Bahn, d. h. ihre Elemente zu berechnen. Zur Lösung dieses Problems geht man von der Erfahrungstatsache aus, daß sich alle Körper des Sonnensystems in Kegelschnitten nach den Keplerschen Gesetzen bewegen. Im allgemeinen ist ein Kegelschnitt durch fünf seiner Punkte bestimmt, wir werden aber sehen, daß zur Berechnung einer Bahn schon drei Beobachtungen genügen, wenn deren Zeiten bekannt sind:

Durch die drei Beobachtungen sind die Richtungen von drei Geraden festgelegt, die durch den Beobachtungsort gehen. Von jeder durch die Sonne gelegten Ebene werden diese Geraden in drei Punkten geschnitten, die zusammen mit der Sonne als Brennpunkt einen Kegelschnitt bestimmen können. Den gesuchten Kegelschnitt enthält nun diejenige Ebene, in welcher der Keplersche Flächensatz erfüllt ist, wenn der Himmelskörper die erwähnten drei Schnittpunkte zu den beobachteten Zeiten erreicht. Bei dieser Entscheidung über die auszuwählende Ebene kommt es eigentlich nur auf die Zwischenzeiten der Beobachtungen an, aber man wird auch die absoluten Zeiten angeben, weil man nicht nur die Bahn kennen will, sondern auch den Ort des Himmelskörpers zu jeder späteren Zeit.

Die wirkliche Durchführung des hier angedeuteten Problems erfordert einen großen Aufwand von mathematischen Entwicklungen, und seit Newtons grundlegenden Untersuchungen waren 100 Jahre vergangen, bis Gauß eine für die Rechnung brauchbare Methode der Bestimmung einer Planetenbahn fand.

Vor der Entdeckung der kleinen Planeten konnte es sich beim Problem der Bahnbestimmung immer nur um Kometen handeln, denn die Bahnelemente der großen Planeten waren hinlänglich bekannt.

Da die Kometenbahnen in der Nähe des Perihels, also während der Zeit der Sichtbarkeit des Kometen, in allen Fällen nur wenig von einer Parabel abweichen, so handelte es sich beim Kometenbahnproblem um die Bestimmung der Elemente einer parabolischen Bahn aus drei Beobachtungen. Unter den Namen der Mathematiker, die das Problem im 18. Jahrhundert Schritt für Schritt gefördert haben, sind vor allem zu nennen: Newton, der eine graphische Methode angab, nach der Halley eine große Zahl von Kometenbahnen bestimmt hat, wobei es ihm gelang, die Periodizität des nach ihm genannten (Halleyschen) Kometen festzustellen; ferner Euler, Lagrange, Laplace uud Lambert. Die endgültige Form, die für die astronomische Rechnung am zweckmäßigsten ist, fand Olbers am Ausgange des 18. Jahrhunderts auf der Grundlage der Arbeiten seiner Vorgänger.

Etwa zehn Jahre später, am Anfange des 19. Jahrhunderts, veröffentlichte Gauß die grundlegende „Theoria motus corporum caelestium“ („Theorie der Bewegung der Himmelskörper“), ein Werk, das man das klassische Lehrbuch der Bahnbestimmung genannt hat, und das eine bequeme Methode enthält, die Elemente einer *elliptischen* Bahn aus drei Beobachtungen zu berechnen.

Wie bei allen Gaußschen Arbeiten, so war auch in dieser das behandelte Problem mit einer Vollständigkeit und Eleganz gelöst, die wesentliche Verbesserungen nicht mehr zuließ. Durch die zu Anfang des 19. Jahrhunderts gemachte Entdeckung der vier größten unter den kleinen Planeten war das Problem der Bestimmung einer elliptischen Bahn aus drei Beobachtungen aktuell geworden und ist es in der zweiten Hälfte des Jahrhunderts in erhöhtem Maße geblieben, als durch die zahlreichen Entdeckungen neuer Planeten deren Zahl bis in die Hunderte anstieg; sie beträgt heute etwa 1000. Häufig stellte es sich auch heraus, daß ein Planet, den man für neu entdeckt hielt, schon früher gesehen worden war, indem sich nämlich die beiden Systeme von Elementen als identisch erwiesen. Besonders charakteristisch für einen Planeten sind bei Feststellungen dieser Art die Elemente Ω und i, weil sie die Bahnebene bestimmen (s. S. 25).

Die Örter der wichtigsten der kleinen Planeten werden für die Zeit der günstigsten Sichtbarkeit, d. i. die Opposition, berechnet und in einer *Oppositionsephemeride* zusammengestellt. An dieser Arbeit hat sich besonders das Berliner Recheninstitut beteiligt.

III. ABSCHNITT

DAS NEWTONSCHE GRAVITATIONSGESETZ UND SEINE ANWENDUNGEN

13. ÜBER DAS ALLGEMEINE ANZIEHUNGSGESETZ

Wie die Planeten um die Sonne so bewegen sich die Satelliten in Ellipsen um ihre Planeten und befolgen dabei auch die Keplerschen Gesetze, werden also auch umgekehrt proportional dem Quadrate der Entfernung vom Planeten angezogen. Dies brachte Newton auf den Gedanken, daß die Erde z. B. nicht nur den Mond, sondern *jeden* Körper nach diesem Gesetze anziehe. Um die Berechtigung dieses Gedankens zu erweisen, zeigte er durch die Rechnung, daß die Fallbewegung auf der Erdoberfläche und die Bewegung des Mondes auf dieselbe beschleunigende Kraft führten, nur daß diese beim Monde abgeschwächt, nämlich umgekehrt proportional dem Quadrate der Entfernung verändert erscheint.

Um dies rechnerisch nachzuprüfen, betrachten wir die Mondbahn als Kreis und benutzen den Ausdruck n^2a aus Nr. 3 für die Beschleunigung bei der Kreisbewegung. Setzen wir $n = \frac{2\pi}{U}$ (vgl. S. 13), so wird die Beschleunigung $\frac{4\pi^2 a}{U^2}$. Ist der Erdradius $= R$, so ist der Radius der Mondbahn $a = 60 R$. Dabei berechnet man R aus dem halben Erdumfang, gemessen längs eines Meridians:

$$\pi R = 20\,000\,000 \text{ m}.$$

Es ist also $$a = \frac{60 \cdot 20\,000\,000}{\pi} = \frac{12 \cdot 10^8}{\pi} \text{ m}$$

zu setzen. Die siderische Umlaufszeit des Mondes beträgt

$$U = 27^d\ 7^h\ 43^m = (39343 \cdot 60)^{sec},$$

folglich erfährt der Mond in 1^{sec} gegen den Erdmittelpunkt die Beschleunigung:

$$\frac{4\pi^2 \cdot 12 \cdot 10^8}{\pi \cdot 39343^2} \cdot \frac{1}{60^2}\,\text{m/sec}^2 = \frac{9{,}74}{60^2}\,\text{m/sec}^2.$$

Wenn das Anziehungsgesetz allgemein gilt, muß an der Erdoberfläche, also 60mal näher, die Beschleunigung 60^2mal so groß sein, d. i. 9,74 m/sec². Dieser Wert stimmt mit dem aus Beobachtungen auf der Erdoberfläche gefundenen Wert $g = 9{,}82$ m/sec² befriedigend genau überein.

Eine solche Rechnung ist zum ersten Male von Newton ausgeführt worden. Er fand zwar, da er von einen falschen Werte für R ausging, anfangs nicht das gewünschte Ergebnis, als er aber mehrere Jahre später mit einem besseren Werte von R seine Rechnung wiederholte, erhielt er ein so gutes Resultat, daß er die Überzeugung bekam, mit seinen Anschauungen über die Anziehung auf dem richtigen Wege zu sein.

Am Anfange dieser Nummer machten wir auf die Gesetzmäßigkeiten der Trabantenbewegung aufmerksam; um eine deutlichere Vorstellung davon zu geben, wollen wir für einige der Monde des Jupiter, Saturn und Uranus die Quotienten $\frac{a^3}{U^2}$ des dritten Keplerschen Gesetzes bilden, wobei wieder a in astronomischen Einheiten und U in mittleren Sonnentagen angegeben wird:

Jupiter.

Monde	I	II	III	IV
a	0,00282	0,00449	0,00715	0,01258
U	1,7691	3,5512	7,1546	16,6890
$\frac{a^3}{U^2}$	$7166 \cdot 10^{-12}$	$7178 \cdot 10^{-12}$	$7141 \cdot 10^{-12}$	$7148 \cdot 10^{-12}$

Saturn.

Monde	III Thetis	V Rhea	VI Titan	VIII Iapetus
a	0,00197	0,00353	0,00818	0,02384
U	1,8878	4,5175	15,9454	79,3310
$\frac{a^3}{U^2}$	$2145 \cdot 10^{-12}$	$2155 \cdot 10^{-12}$	$2153 \cdot 10^{-12}$	$2153 \cdot 10^{-12}$

Uranus.

Monde	I Ariel	II Umbriel	III Titania	IV Oberon
a	0,00128	0,00179	0,00293	0,00392
U	2,5204	4,1441	8,7059	13,4633
$\frac{a^3}{U^2}$	$3301 \cdot 10^{-13}$	$3340 \cdot 10^{-13}$	$3319 \cdot 10^{-13}$	$3323 \cdot 10^{-13}$

Also auch bei den Trabanten gilt das dritte Keplersche Gesetz angenähert.

Newton erkannte ferner, daß nicht nur die Sonne die Planeten anzieht, sondern daß diese auch ihrerseits die Sonne anziehen müssen. Man sieht das folgendermaßen ein: Wir denken uns die Sonne und einen Planeten durch eine unbiegsame Stange verbunden, so daß wir beide Körper jetzt als einen einzigen betrachten dürfen. Würde nur eine nach der Sonne gerichtete Kraft vorhanden sein, so müßte das System eine Bewegung in der Richtung vom Planeten gegen die Sonne ausführen, weil die Stange den Druck des Planeten auf die Sonne überträgt. Da es aber undenkbar ist, daß ein System starr verbundener Körper durch Anziehungskräfte zwischen den Körpern aus der Ruhe in Bewegung übergeht, so muß notwendig in der Richtung des Radius eine der Sonnenanziehung gleiche, aber nach dem Planeten hin gerichtete Anziehung vorhanden sein. *Der Planet zieht also die Sonne mit derselben Kraft an, mit der er von der Sonne angezogen wird.* Dies ist ein besonderer Fall des von Newton aufgestellten Satzes der Gleichheit von Wirkung und Gegenwirkung.

Newton tat nun den wichtigen Schritt, daß er das Anziehungsgesetz nicht nur auf die Himmelskörper beschränkte, sondern ein *allgemeines Weltgesetz* darin erblickte, nach dem sich *zwei Massenteilchen* stets *umgekehrt proportional dem Quadrat ihrer Entfernung anziehen.*

Um den Satz als eine Gleichung aussprechen zu können, betrachten wir einen Planeten mit der Masse m und die Sonnenmasse M. Erfährt der Planet die Beschleunigung G, so wirkt auf ihn die Kraft Gm, weil ja Kraft = Masse $\times$ Beschleunigung ist. Die Sonne möge durch die Anziehung des Planeten die Beschleunigung g erhalten, dann ist die anziehende Kraft des Planeten gM. Nach dem Satze von Wirkung und Gegenwirkung ist

$$Gm = gM, \quad \text{oder} \quad \frac{G}{g} = \frac{M}{m} \cdot \tag{1}$$

G ist also proportional M und g ist proportional m, oder die *Beschleunigung, welche ein Körper durch seine Anziehungskraft einem anderen erteilt, ist der Masse des anziehenden Körpers proportional* (2. Teil des Newtonschen Gesetzes). Fassen wir diesen und den ersten Satz S. 29 (4) über die Abhängigkeit der Beschleunigung von der Entfernung zusammen, so können wir sagen: Befindet sich m in der Entfernung r von der Masse M, so muß die Beschleunigung G, welche M erteilt, proportional $\frac{M}{r^2}$ sein. Nennen wir den Proportionalitätsfaktor k^2, so erhalten wir:

$$G = k^2 \cdot \frac{M}{r^2} \cdot \tag{2}$$

Die anziehende Kraft der Sonne ist also

$$Gm = k^2 \cdot \frac{Mm}{r^2} \cdot \tag{3}$$

Gleichung (3) ist der mathematische Ausdruck des vollständigen Newtonschen Anziehungs- oder *Gravitationsgesetzes*, durch das der 1. und 2. Teil des Newtonschen Gesetzes zusammengefaßt wird. Während sich der 1. Teil aus den Keplerschen Gesetzen ableiten ließ, erfordert der 2. Teil zu seiner Ableitung den Satz der Gleichheit von Wirkung und Gegenwirkung. Es hat sich gezeigt, daß bei allen Gravitationswirkungen k^2 eine unveränderliche Konstante ist. Man hat deshalb k^2 die *Gravitationskonstante* genannt. Sie läßt sich auf der Erde durch Beobachtung der Anziehung von großen Massen bestimmen, wie in jedem Physikbuch zu finden ist. Gauß hat in seiner Theoria motus (Nr. 12) die Größe k^2 aus der Planetenbewegung berechnet, daher heißt k^2 auch die *Gaußsche Konstante*. Sie wird in Nr. 14 auf die Gaußsche Art ausgerechnet werden.

Setzt man beide Massen gleich der Einheit und nimmt ihre Entfernung $r = 1$ an, so wird nach (3) die gegenseitige Anziehungskraft $= k^2$. Der Zahlenwert von k^2 hängt davon ab, welche Einheiten man für die Länge, Masse und Zeit zugrunde legt. In der Astronomie nimmt man als Längeneinheit die halbe große Erdbahnachse, als Masseneinheit die Sonnenmasse und als Zeiteinheit den mittleren Sonnentag. Dann erteilt die Sonne in der Entfernung $r = 1$ einem Körper die Beschleunigung $G = k^2$, daher nennt man k^2 oder k auch oft die *Anziehungskraft der Sonne*. Unter dieser Bezeichnung findet sich k im Anhange mancher Logarithmentafeln.

Das Anziehungsgesetz ist schon vor Newton ausgesprochen worden, konnte jedoch immer nur als unbestimmte Vermutung gelten, weil niemand daraus mathematische Schlüsse zu ziehen vermocht hatte. Schon 80 Jahre vor Newton bezeichnete Kepler die Schwere als eine dem Magnetismus ähnliche Kraft, die alle Körper zu vereinigen trachtet, und erklärte Ebbe und Flut, wie später Newton, aus der Anziehung des Mondes auf die Wassermassen der Erde. In seinem Werke „Astronomia nova" stellte er sogar die Vermutung auf, daß die Anziehungskraft der Sonne mit dem Quadrate der Entfernung abnehme. Allerdings hegte Kepler noch die irrige Ansicht, daß die treibende Kraft tangentiell wirke, während sie doch radial nach der Sonne gerichtet ist. Auch andere Gelehrte haben vor Newton ähnliche Gedanken wie er später ausgesprochen: Der französische Arzt Bouillaud (Ismael Bullialdus) schreibt 1645 in einem Werke über Astronomie, daß die Anziehungskraft das genannte quadratische Gesetz befolge. Der italienische Mathematiker Borelli sagt in einem Buche über die Jupitermonde (1666), daß sie sich nach denselben Gesetzen wie die Planeten bewegten. Im selben Jahre trug Hooke in der Londoner Akademie über die Abnahme der Schwere mit zunehmender Entfernung von der Erde vor, und einige Jahre später äußerte er in einer Schrift, alle Himmelskörper besäßen eine gegen ihren Mittelpunkt gerichtete Anziehungskraft, wodurch sie auf ihre eigenen Atome wie auf fremde Körper wirkten. Hooke sowie Wren (vgl. Nr. 11, Anfang) und Halley haben nach Newtons eigenen Worten unabhängig von ihm gefunden, daß die anziehende Kraft dem Quadrate der Entfernung umgekehrt proportional sei.

Das allgemeine Massenwirkungsgesetz mit den daraus abgeleiteten *mathematischen* Erklärungen der Planetenbewegungen gab jedoch erst Newton in seinem 1687 unter dem Titel „Philosophiae naturalis principia mathematica" („mathematische Grundsätze der Naturlehre") erschienenen unsterblichen Werke, worin er die Lehre von den Bewegungen am Himmel über den Standpunkt der bloßen Beschreibung in das Gebiet der Mechanik erhob und dadurch zum Begründer der *Himmelsmechanik* wurde. Es dauerte aber lange, bis seine Lehren allgemeine Anerkennung fanden, wie man daraus sieht, daß noch 1732 Johann Bernoulli von der Pariser Akademie einen Preis für eine Arbeit erhielt, in der er die Planetenbewegung durch Descartes' Wirbeltheorie erklärte.

14. STRENGE FORM DES DRITTEN KEPLERSCHEN GESETZES BERECHNUNG DER PLANETENMASSEN

Bedeutet M die Sonnen- und m eine Planetenmasse, so erfährt nach Nr. 13 (2) der Planet gegen die Sonne eine Beschleunigung

$$G = \frac{k^2 M}{r^2}.$$

Aus (1) in Nr. 13 ergibt sich dann als Beschleunigung der Sonne gegen den Planeten:

$$g = \frac{k^2 m}{r^2}.$$

Beide Beschleunigungen suchen die Gestirne einander zu nähern, und wenn man die Sonne als feststehend betrachtet, treibt eine Beschleunigung

$$G + g = \frac{k^2 (M + m)}{r^2} \tag{1}$$

den Planeten nach der Sonne hin. Die *Beschleunigung des Planeten relativ zur Sonne* ist demnach so groß, als ob die Sonne die Masse $M + m$ hätte. Für diese relative Beschleunigung war aber in Nr. 11 (4) der Wert

$$\frac{C}{r^2} \tag{1a}$$

angegeben worden. Nach Nr. 10 (2) können wir die Beschleunigung auch

$$\frac{n^2 a^3}{r^2} \tag{2}$$

schreiben und finden aus (1) und (2) sodann:

$$k^2 = \frac{n^2 a^3}{M + m}. \tag{3}$$

Setzt man $n = \frac{2\pi}{U}$ wie in Nr. 7, so erhält man:

$$k = \frac{2\pi a^{\frac{3}{2}}}{U\sqrt{M+m}}. \tag{4}$$

Diese Gleichung diente Gauß zur Bestimmung von k. Man hat zu setzen: $a = 1$, $M = 1$, $U = 365{,}256$ mittlere Tage, und kann m zunächst gegen M vernachlässigen.

Man findet dann: $k = 0{,}0172.$ (5)

Der genauere Wert, bei dessen Berechnung m noch berücksichtigt wird, stimmt mit (5) in den ersten 4 Dezimalen überein.

Der Vergleich von (1) und (1a) ergibt:

$$C = k^2 (M + m). \tag{6}$$

Da C die Planetenmasse m enthält, ändert sich sein Wert von Planet zu Planet um einen kleinen Betrag. Das 3. Keplersche Gesetz, welches die Konstanz von C behauptet, ist also nur angenähert richtig. Gehören zu einem zweiten Planeten die Konstanten n_1, a_1 und m_1, so ergibt die zweimalige Anwendung von (3) die *strenge Form des 3. Keplerschen Gesetzes*, nämlich

$$\frac{n^2 a^3}{M+m} = \frac{n_1^2 a_1^3}{M+m_1}. \tag{7}$$

Die Astronomen, welche meistens $M = 1$ setzen, pflegen (7) in der Gestalt

$$\frac{n^2 a^3}{1+m} = \frac{n_1^2 a_1^3}{1+m_1} \tag{7a}$$

anzuwenden.

Wir können nunmehr das Verhältnis zweier Sektoren berechnen, die von den Radien-Vektoren zweier Planeten in gleichen Zeiten bestrichen werden (vgl. Nr. 5 Anm.). Nach Nr. 10 (4) war $c = \sqrt{Cp}$. Setzen wir hier für C seinen Wert aus Gleichung (6) dieser Nummer ein, so erhalten wir:

$$c = k\sqrt{p(M+m)}.$$

Für einen anderen Planeten folgt:

$$c_1 = k\sqrt{p_1(M+m_1)}.$$

Das gesuchte Sektorenverhältnis ist also:

$$c : c_1 = \sqrt{p(M+m)} : \sqrt{p_1(M+m_1)}. \tag{8}$$

Da die Planetenmassen sehr klein gegenüber der Sonnenmasse sind, so kann man mit großer Annäherung das Verhältnis der Flächen auch als

$$\sqrt{p} : \sqrt{p_1} \quad \text{schreiben.}$$

Wir wollen jetzt zeigen, wie das 3. Keplersche Gesetz in der Form (3) zur Bestimmung der Planetenmassen aus der Trabantenbewegung führt. Für die Bewegung der Monde gelten auch die Keplerschen Gesetze; jedoch bedeutet M jetzt die Masse des Planeten, m die seines Begleiters. Ein anderer Planet habe die Masse M_1, einer seiner Monde die Masse m_1 · Gleichung (3) ergibt dann:

$$n^2 a^3 = k^2 (M + m) \quad \text{und} \quad n_1^2 a_1^3 = k^2 (M_1 + m_1),$$

wobei n und n_1 die mittleren täglichen Bewegungen der *Monde*, a und a_1 die halben großen Achsen der Mondbahnen bedeuten. Folglich ist $n^2 a^3 : n_1^2 a_1^3 = (M + m) : (M_1 + m_1)$.

Sind U und U_1 die Umlaufszeiten von m und m_1 um ihre Zentralgestirne, so ist $n : n_1 = U_1 : U$,

daher
$$(M + m) : (M_1 + m_1 = \frac{a^3}{U^2} : \frac{a_1^3}{U_1^2} \cdot \qquad (9)$$

Sind nun M und M_1 sehr groß gegen m und m_1, wie die Sonnenmasse im Vergleich zu den meisten Planetenmassen oder letztere gegenüber den meisten Massen ihrer Trabanten, so kann man ohne merklichen Fehler statt (9) auch schreiben:

$$M : M_1 = \frac{a^3}{U^2} : \frac{a_1^3}{U_1^2} \cdot \qquad (10)$$

Für kreisförmige Bewegungen ist diese Gleichung besonders einfach abzuleiten:

Ein Trabant des Zentralgestirns M erfährt nämlich nach dem Newtonschen Gesetz in der Entfernung a die Beschleunigung $\frac{k^2 M}{a^2}$, und nach der Theorie der Kreisbewegung die Beschleunigung $n^2 a$ (Nr. 3). Vergleicht man also die Bewegungen um zwei Massenzentren M und M_1, so gelten die Gleichungen:

$$\frac{M}{a^2} : \frac{M_1}{a_1^2} = n^2 a : n_1^2 a_1, \quad \text{oder} \quad \frac{M}{a^2} : \frac{M_1}{a_1^2} = \frac{a}{U^2} : \frac{a_1}{U_1^2},$$

woraus sofort (10) folgt. Da die halben großen Achsen der Bahnen und die Umlaufszeiten der Trabanten aus Beobachtungen hergeleitet werden können, findet man aus (10) das Massenverhältnis der Zentralgestirne.

Wir werden bei der folgenden Rechnung in jedem Satellitensystem denjenigen Mond wählen, bei welchem der Quotient $\frac{a^3}{U^2}$ einen mittleren Wert unter den Beispielen von Nr. 13 hat. Diese Quotienten sind dann mit der Zahl $\frac{a^3}{U^2}$ für die Bewegung der Planeten (z. B. der Erde, Nr. 10) zu vergleichen, wodurch man nach Gleichung (10) das *Verhältnis der Masse des Planeten zur Masse der Sonne* erhält. Die folgende Tabelle enthält in der ersten Zeile die Zahlen aus Nr. 10 und Nr. 13, darunter stehen die nach (10) berechneten Planetenmassen, denen zum Vergleiche die Resultate einiger Astronomen hinzugefügt sind (nach Newcomb-Engelmann, Populäre Astronomie):

	Planeten (Erde)	Jupitermond IV	Saturnmond VIII	Uranusmond IV
$\frac{a^3}{U^2}$	$7496 \cdot 10^{-9}$	$7148 \cdot 10^{-12}$	$2153 \cdot 10^{-12}$	$3323 \cdot 10^{-13}$
	Masse des	Jupiter $\frac{1}{1049}$	Saturn $\frac{1}{3482}$	Uranus $\frac{1}{22560}$
	Vergleichswerte Berechner	$\frac{1}{1047{,}6}$ Bessel	$\frac{1}{3501{,}6}$ Bessel	$\frac{1}{22600}$ Newcomb

Die folgende Tabelle enthält die Zahlen zur Berechnung der Massen des Mars und Neptun:

	Marsmond I	Neptunmond
a	0,0000627	0,002372 astr. Einheiten
U	0,31892	5,8769 mittlere Tage
$\frac{a^3}{U^2}$	$2424 \cdot 10^{-15}$	$3864 \cdot 10^{-13}$
Masse des	Mars $\frac{1}{3093000}$	Neptun $\frac{1}{19400}$
Vergleichswerte Berechner	$\frac{1}{3093500}$ Hall	$\frac{1}{19380}$ Newcomb

Die Werte, welche die Astronomen für die Planetenmassen gefunden haben, weichen bei ein und demselben Planeten voneinander ab, weil die Dimensionen der Satellitenbahnen verschieden angegeben werden. Überhaupt ist das Problem der Massenbestimmung aus der Satellitenbewegung nicht so einfach, wie es nach dem dritten Keplerschen Gesetze scheinen könnte, und daß die hier berechneten Massen auch nur als angenähert richtig gelten können, geht schon aus der Willkür hervor, mit der einzelne Monde zur Massenberechnung bevorzugt wurden. Da der Quotient $\frac{a^3}{U^2}$ für jeden Mond einen etwas anderen Wert hat, erhält man für die Masse des Hauptplaneten ein wenig andere Beträge, wenn man eine andere Mondbahn der Berechnung zugrunde legt. Wir werden noch in Nr. 18 davon zu sprechen haben.

An dieser Stelle soll noch die Erdmasse aus der Mondbewegung abgeleitet werden. Es sei die Masse der Sonne S, die der Erde E und die des Mondes M. Aus der Nutationsbewegung der Erdachse hat man gefunden, daß $M = \frac{E}{81,5}$ ist, also nicht gegen die Erdmasse vernachlässigt werden kann. Nach (3) ist

$$\frac{S+E}{E+M} = \frac{\frac{a^3}{U^2}}{\frac{a_1^3}{U_1^2}} = \frac{7496 \cdot 10^{-9}}{2277 \cdot 10^{-14}},$$

wo die mittlere Entfernung des Mondes $a_1 = 0,002571$ astr. Einh. und seine siderische Umlaufszeit $U_1 = 27,322$ mittl. Tagen gesetzt wurde.

Im Zähler kann E neben S vernachlässigt werden. Setzt man $S = 1$, so wird

$$E + M = \frac{1}{329200} \quad \left(\text{nach Newcomb } \frac{1}{329390}\right)$$

für die vereinigten Massen von Erde und Mond. Setzt man $M \doteq \frac{E}{81,2}$, so erhält man:

$$E + M = E \cdot \frac{82,5}{81,5},$$

also $$E = \frac{1}{329200} \cdot \frac{815}{825} = \frac{1}{333200} \text{ der Sonnenmasse.}$$

15. ERHALTUNG DES SCHWERPUNKTES

Zwei anfangs ruhende Massen M und m mögen durch ihre gegenseitige Anziehung die Beschleunigungen g und G erhalten. Nähern sich die Massen einander, so wird nach dem Gravitationsgesetz ihre Anziehung stärker, die Körper fallen mit wachsender Beschleunigung gegeneinander. Wir teilen die Fallzeit in so kleine Abschnitte Δt, daß während eines solchen Zeitelements die Beschleunigungen sls konstant angesehen werden können. Dann darf zur Berechnung der Fallräume von M und m die Formel für den freien Fall angewendet werden.[1]) Fällt während Δt die Masse M von A nach A_1 und m von B nach B_1 (Fig. 13), so ist

Fig. 13.

$$AA_1 = \frac{g}{2}\Delta t^2 \quad \text{und} \quad BB_1 = \frac{G}{2}\Delta t^2,$$

also

$$AA_1 : BB_1 = g : G.$$

Nach Nr. 13 (1) ist aber $g : G = m : M$, also haben wir

$$AA_1 : BB_1 = m : M_1 \quad \text{oder} \quad AA_1 \cdot M = BB_1 \cdot m. \tag{1}$$

Ist S die Lage des Schwerpunktes beider Massen in den Anfangslagen A und B, so besteht nach einem Satze aus der Lehre vom Schwerpunkte die Gleichung

$$AS \cdot M = BS \cdot m. \tag{2}$$

Bildet man die Differenz der Gleichung (2) und (1) so erhält man mit Berücksichtigung der Figur 13:

$$A_1S \cdot M = B_1S \cdot m. \tag{3}$$

Diese Gleichung drückt aber aus, daß S auch Schwerpunkt von M und m in den Lagen A_1 bzw. B_1 ist, d. h. daß der Schwerpunkt während der Zeit Δt unverändert an seiner Stelle geblieben ist. Dasselbe gilt für alle folgenden Zeitabschnitte, wenn auch die Beschleunigungen in jedem Abschnitte etwas größere Werte annehmen. Die Massen müssen daher schließlich in S aufeinander stürzen.

Wir wollen jetzt unter M die Masse der Sonne und unter m diejenige eines Planeten verstehen. Dann bedeutet das bisherige Ergebnis, daß die *gegenseitige Anziehungskraft* von

---

1) Vgl. Nr. 5 dieser Sammlung: Timerding, Die Fallgesetze.

Sonne und Planet *dem gemeinsamen Schwerpunkte* der Gestirne *keine Beschleunigung* zu erteilen vermag. Da aber bei der Bewegung eines Planeten keine Beschleunigung außer der im Radius-Vektor wirksamen vorhanden ist — von der Anziehung anderer Planeten sehen wir ab — so kann der *Schwerpunkt von Sonne und Planet* überhaupt keine Beschleunigung bekommen, muß also nach den Galileischen Bewegungsgesetzen *ruhen*, oder sich mit *gleichförmiger Geschwindigkeit geradlinig* fortbewegen. Dieser wichtige Satz ist bekannt unter dem Namen des Satzes von der *Erhaltung des Schwerpunktes*. Er gilt natürlich nur für Systeme, auf die keine äußere Anziehung wirkt. Daher kann sich der Schwerpunkt von Erde und Mond nicht geradlinig und gleichförmig bewegen, denn zur gegenseitigen Anziehung beider Körper kommt noch die Anziehung der Sonne hinzu. Es möge hier ohne Beweis mitgeteilt werden, daß der Satz von der Erhaltung des Schwerpunktes für beliebig viele Massen gilt, z. B. für das gesamte Planetensystem, dessen Schwerpunkt für alle interplanetarischen Betrachtungen als ruhend angesehen werden kann, im Fixsternraume jedoch nach einem Punkte im Sternbilde des Herkules, dem sog. *Apex*, wandert.

Man addiert nunmehr in (2) beiderseits zuerst $AS \cdot m$, dann $BS \cdot M$ und erhält nach einer kleinen Umformung:

$$AS = \frac{m}{M+m} AB \quad \text{und} \quad BS = \frac{M}{M+m} AB. \tag{4}$$

AS und BS sind die in einem unveränderlichen Verhältnis verkürzten Radien AB des Kegelschnitts, den B relativ zu A beschreibt. Diesem Kegelschnitte müssen also die Kurven ähnlich sein, die A und B relativ zu S beschreiben. Wir sind damit zur vollständigen Erkenntnis der Bewegung von Sonne und Planet gelangt:

Zwei sich anziehende Massenpunkte beschreiben um ihren Schwerpunkt ähnliche Kegelschnitte, deren gemeinschaftlicher Brennpunkt dieser Schwerpunkt ist.

16. DOPPELSTERNE

Bei der Bewegung von Erde und Mond um ihren gemeinsamen Schwerpunkt ist die Bahn des Erdmittelpunktes klein gegenüber der Mondbahn. Denn bedeutet in Fig. 13 A den Mittelpunkt der Erde, B den des Mondes, so findet man die Lage ihres Schwerpunktes S, indem man in den Gleichungen (4) Nr. 15 die Erdmasse $M = 1$, die Mondmasse $m = \frac{1}{81,5}$ und $AB = 60,3$ Erdradien setzt. Dann

$$\text{wird } AS = \frac{1}{82,5} \cdot 60,3 \sim \frac{3}{4} \text{ Erdradien.}$$

Der Erdmittelpunkt beschreibt danach monatlich ungefähr einen Kreis von 4800 km Radius um den gemeinsamen Schwerpunkt.

Der Schwerpunkt von Sonne und Jupiter befindet sich zwar in der Nähe der Sonnenoberfläche, aber doch noch im Innern des Sonnenkörpers. Also ist auch in diesem Falle die Bahn des Hauptsterns sehr klein gegenüber derjenigen des Begleiters.

Anders liegen die Verhältnisse bei den *Doppelsternen.* Die Größenordnung der beiden Massen oder *Komponenten* ist bei ihnen im allgemeinen nahezu die gleiche (siehe die Tabelle unten). Beide Komponenten beschreiben daher Ellipsen um einen Schwerpunkt, der außerhalb der Massen liegt.

Durch Beobachtung der Abstände beider Sterne voneinander bestimmt man die Bahn des lichtschwächeren Begleiters relativ zum Hauptstern und gelangt dadurch zur Kenntnis der halben großen Achse a der Ellipse, d. h. man kennt ihren Winkelwert, denn ihre wahre Größe bleibt so lange unbekannt, als man nicht die Entfernung des Doppelsterns von der Erde kennt. Angenommen jedoch, eine solche Bestimmung für die Entfernung r sei gelungen, und die Bahnbestimmung hätte für die halbe große Achse den Wert a'' in Bogenmaß ergeben, so ist die wahre Größe $a = r \cdot a''$. Nun lautete das dritte Keplersche Gesetz in seiner genaueren Fassung:

$$n^2 \cdot a^3 = k^2 (M + m) \text{ [siehe Nr. 14 Gleichung (3)].}$$

Wir wenden es auf die Doppelsterne unter der Voraussetzung an, daß das Newtonsche Anziehungsgesetz allgemeine Gültigkeit besitze, daß also k^2 einen unveränderlichen Wert habe. M und m sind die Massen der Sterne, a die eben bestimmte Halbachse. Statt n setzen wir $\frac{2\pi}{U}$, wo U die beobachtete Umlaufszeit eines Sterns um den anderen bedeutet. Da die Bewegung sehr langsam zu sein pflegt, gibt man U in (siderischen)

Jahren an. Die Gleichung lautet dann:

$$\left(\frac{2\pi}{U}\right)^2 \cdot a^3 = k^2 (M + m). \qquad (1)$$

Wir hatten früher k^2 aus der Erdbewegung berechnet (Nr. 14) unter Zugrundelegung des mittleren Sonnentages als Zeiteinheit. Im vorliegenden Falle brauchen wir aber k^2 für die Zeiteinheit des siderischen Jahres. Wir wenden die Gleichung (1) deshalb auf Sonne und Erde an, setzen $a = 1$, $U = 1$, $M = 1$ (Sonne) und $m = o$ (Erde), und erhalten

$$(2\pi)^2 = k^2.$$

Diesen Wert setzen wir in (1) ein und bekommen für den Doppelstern:

$$\frac{a^3}{U^2} = M + m. \qquad (2)$$

Man kann also die Summe der Massen beider Sterne berechnen, bezogen auf die Sonnenmasse als Einheit, wenn sich die wahre Größe der Bahn eines Sterns um den anderen ermitteln läßt.

Dadurch, daß man noch die Positionen der einen Komponenten in bezug auf benachbarte, feststehende Sterne beobachtet, findet man die absolute Bahn dieser Komponente um den gemeinsamen Schwerpunkt. Bedeuten in Fig. 13 A und B die beiden Sterne des Systems und ist S ihr Schwerpunkt, so möge die Bahn von A um S und diejenige von B relativ zu A bekannt sein. Da $BS = AB - AS$ ist, so kennt man nunmehr auch die absolute Bahn von B um S. Sind a_1 und a_2 die halben großen Achsen der absoluten Bahnen, so ist

$$a_2 : a_1 = BS : AS = M : m, \qquad (3)$$

wenn A die Masse M und B die Masse m hat. Aus (2) und (3) bestimmt man die Massen M und m, bezogen auf die Sonnenmasse als Einheit. In der folgenden Tabelle ist die Berechnung der Massen für drei Doppelsternsysteme ausgeführt:

	a	U	$\frac{a^3}{U^2} = M + m$	$M : m$	M	m
α Centauri	23,6	81,1	2,0	1 : 1	1,0	1,0
Sirius	20,1	50,4	3,2	11 : 5	2,2	1,0
Procyon	19,5	40,0	4,6	19 : 4	3,8	0,8

a und U beziehen sich, wie im Anfang dieser Nummer, auf die Bahn des Begleiters relativ zum Hauptstern. Die Dimensionen dieser Bahnen sind mit denen der Uranusbahn vergleichbar, deren große Halbache = 19 astronomische Einheiten beträgt. Auffallend ist beim Sirius, daß sein Begleiter, ein Stern 9.–10. Größe, doch die halbe Siriusmasse besitzt.

17. DIE ERHALTUNG DER ENERGIE BEI DER PLANETENBEWEGUNG

Nach Nr. 14 (1) erfährt ein Planet relativ zur Sonne ($M = 1$) die Beschleunigung $\frac{k(1+m)}{r^2}$. Hieraus folgt durch Multiplikation mit der Planetenmasse m als Wert für die anziehende Kraft der Sonne:

$$\frac{k^2(1+m)\,m}{r^2}.$$

Befindet sich die Sonne an der Stelle S (Fig. 14), der Planet bei P, so bringen wir ihn nach $P_1, P_2 \ldots P_n$. Dabei wird gegen die Anziehungskraft der Sonne Arbeit geleistet, die wir berechnen wollen. Wir setzen

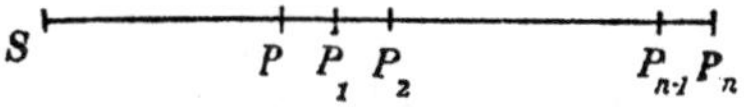

Fig. 14.

$SP = r$ und allgemein $SP_k = r_k$ für $k = 1, 2, \ldots n$, und vorübergehend zur Abkürzung $k^2(1+m)\,m = K$.

Die Berechnung geschieht nach der Gleichung:

$$\text{Arbeit} = \text{Kraft} \times \text{Weg},$$

bei deren Anwendung wir berücksichtigen müssen, daß die Kraft sich von Punkt zu Punkt auf dem Wege ändert, da ja r an jeder Stelle einen anderen Wert hat. Wir setzen deshalb zur Berechnung der Arbeit auf dem Wege PP_1 für die Kraft einen Mittelwert. Es beträgt die Anziehungskraft

$$\text{in } P:\ \frac{K}{r^2}, \quad \text{in } P_1:\ \frac{K}{r_1^2}.$$

Das arithmetische Mittel ist $\frac{K}{2}\left(\frac{1}{r^2}+\frac{1}{r_1^2}\right) = \frac{K}{r r_1}\cdot\frac{r^2+r_1^2}{2 r r_1}$. Wir wollen jetzt zeigen, daß sich der Bruch $\frac{r^2+r_1^2}{2 r r_1}$ dem Werte 1 nähert, wenn PP_1 sehr klein genommen wird. Setzt man nämlich $PP_1 = \delta$, so ist $r_1 = r + \delta$. Hiermit wird der in Frage stehende Bruch: $\frac{r^2 + (r+\delta)^2}{2r(r+\delta)} = \frac{2r(r+\delta)+\delta^2}{2r(r+\delta)}$.

Für sehr kleine Werte von δ verschwindet δ^2 gegenüber den anderen Größen, dann werden Zähler und Nenner einander gleich, der Bruch wird $= 1$, w. z. b. w.

Als Mittelwert der Kraft bei Verschiebung des Planeten von P bis P_1 können wir also setzen:

$$\frac{K}{r r_1}.$$

Der Weg ist $r_1 - r$, folglich ist die geleistete Arbeit:

$$\frac{K}{r r_1}(r_1 - r) = \frac{K}{r} - \frac{K}{r_1}.$$

Auf dem Wege $P_1 P_2$ ist die Arbeit

$$\frac{K}{r_1} - \frac{K}{r_2} \text{ usw.,} \qquad \text{von } P_{n-1} \text{ bis } P_n\text{:} \quad \frac{K}{r_{n-1}} - \frac{K}{r_n}.$$

Im ganzen wird also von P bis P_n die Arbeit

$$\left(\frac{K}{r} - \frac{K}{r}\right) + \left(\frac{K}{r_1} - \frac{K}{r_2}\right) + \cdots + \left(\frac{K}{r_{n-1}} - \frac{K}{r_n}\right) = \frac{K}{r} - \frac{K}{r_n}$$

geleistet. Bringen wir den Massenpunkt (Planeten) ins Unendliche, so wird $r_n = \infty$ und die *gegen die Anziehungskraft geleistete Arbeit* ist dabei $\frac{K}{r}$ oder

$$\frac{k^2(1+m)\,m}{r}. \tag{1}$$

Zieht die Sonne den Planeten von P_n wieder zu sich heran bis P, so leistet sie die Arbeit

$$\frac{K}{r_n} - \frac{K}{r} = -\left(\frac{K}{r} - \frac{K}{r_n}\right). \tag{2}$$

Der Planet „fällt“ dabei um das Stück $P_n - P$ gegen die Sonne. Die von der Anziehungskraft geleistete Arbeit könnte in irgendeiner Weise gewonnen werden, wenn m beim Falle einen Wiederstand zu überwinden hätte, so wie z. B. fallende Wasserteilchen ein Rad zu treiben vermögen. Je weiter m vom Anziehungszentrum entfernt ist, um so größer ist die Arbeit, die m durch einen Sturz gegen dasselbe leisten kann. m stellt in jeder Lage einen Arbeitsvorrat dar, der z. T. verbraucht wird, wenn m sich der Zentralmasse nähert. Man sagt, m besitze in jeder Entfernung eine gewisse *Energie der Lage* oder *potentielle Energie*, deren genaue, mathematische Definition wir sogleich geben werden.

Durch den Fall von P_n bis P findet eine „Ausgabe" dieser Energie statt und zwar von dem Betrage (2), der einen *negativen* Wert hat, da er als Ausgabe negativ zu „buchen" ist. Stürzt m bis an die Stelle P, so ist die von der Zentralmasse geleistete Arbeit am größten, wenn m aus dem Unendlichen kommt, sie ist dann $= -\frac{K}{r}$ (weil $r_n = \infty$) und heißt die *potentielle Energie der Masse m an der Stelle r.* Man nennt sie V und definiert also

$$V = -\frac{k^2(1+m)\,m}{r}. \tag{3}$$

Umgekehrt ist $-V$ die Arbeit, welche man gegen die Anziehungskraft zu leisten hat, um m von der Stelle r bis ins Unendliche zu schaffen.

Ist V_1 die potentielle Energie an der Stelle r_1, so ist zwar der absolute Zahlenwert von V_1 kleiner als der von V, weil ja $r_1 > r$ ist, aber mit Berücksichtigung des Vorzeichens ist $V_1 > V$. Die Größe $V_1 - V$ ist der Arbeitsaufwand der anziehenden Kraft, um die Masse m von P_1 nach P zu bringen. Wir wollen nachweisen, daß bei der Planetenbewegung für den Verlust an potentieller Energie ein gleicher Betrag an *kinetischer* oder *Bewegungsenergie* gewonnen wird, wie es das Gesetz von der Erhaltung der Energie verlangt.

Hat der Planet die Geschwindigkeit u, so ist seine kinetische Energie $\frac{1}{2}mu^2$, die bekanntlich auch *lebendige Kraft* heißt. Zu ihrer Berechnung benutzen wir Gleichung (7) aus Nr. 11, in der wir nach Nr. 14 (6) $C = k^2(1+m)$ zu setzen haben, da hier $M = 1$ ist. Dann ist die kinetische Energie des Planeten:

$$\frac{1}{2}mu^2 = \frac{k^2(1+m)\,m}{r} - \frac{k^2(1+m)\,m}{2a}. \tag{4}$$

In Verbindung mit Gleichung (3) erhalten wir:

$$\frac{1}{2}mu^2 + V = -\frac{k^2(1+m)\,m}{2a}. \tag{5}$$

Da auf der rechten Seite eine für jeden Planeten unveränderliche Zahl steht, so besagt diese Gleichung, daß bei der Planetenbewegung die *Summe* der *kinetischen* und *potentiellen Energie unverändert* bleibt.

Nähert sich der Planet der Sonne, so wird $\frac{k^2(1+m)m}{r}$ größer, die potentielle Energie $\frac{-k^2(1+m)m}{r} = V$ also kleiner, dafür wächst die kinetische Energie, folglich wird u größer, d. h. der Planet bewegt sich in Sonnennähe schneller. Man kann auch sagen: Die von der Sonne dadurch geleistete Arbeit, daß der Planet näher herangezogen worden ist, kommt in der Vermehrung der kinetischen Energie zum Vorschein. Dieser Vorgang entspricht genau der Pendelbewegung, bei der in der tiefsten Lage die Geschwindigkeit am größten ist. Wir können auch bei der Planetenbewegung von einem Hin- und Herschwingen des Planeten gegen die Sonne reden, das von einem beständigen Wechsel der Energieformen begleitet ist.

Die *Energiegleichung* (5) läßt ferner erkennen, welchen Kegelschnitt ein Körper durchläuft, der in der Entfernung r von der Sonne die Geschwindigkeit u hat. Die Energiesumme wird nämlich nach (4) bei der Ellipse negativ. Ist sie 0, so muß $a = \infty$ sein, die Bahn also parabolisch ausfallen. Ist endlich die Konstante positiv, so ist a negativ, was eine Hyperbel bedeutet. Ein Komet durchläuft nämlich den Hyperbelast, der der Sonne zugekehrt ist und dessen von der Sonne ausgehende Brennstrahlen auf der Innenseite liegen, während sich die Hauptachse außerhalb befindet: r und a haben also entgegengesetztes Vorzeichen; rechnet man r positiv, so ist a negativ. Wir sind nunmehr zu folgendem Ergebnisse gekommen: *Ein Körper läuft um die Sonne in einer Ellipse, Parabel oder Hyperbel, je nachdem die Summe seiner kinetischen und potentiellen Energie negativ, Null oder positiv ist.*

18. DAS DREIKÖRPERPROBLEM UND DIE STÖRUNGSTHEORIE

Wir hatten gesehen, daß sich zwei Massenpunkte in Kegelschnitten bewegen müssen, wenn sie *nur* ihrer *gegenseitigen* Anziehung unterworfen sind. Diese Bedingung ist aber niemals genau erfüllt, weil immer noch die Anziehungskräfte anderer Massen mitwirken. Der einfachste Fall ist der, daß zu den zwei Massen noch eine dritte hinzutritt, wodurch man zum sog. *Dreikörperproblem* kommt. Das nächstliegende Beispiel für dies Problem bietet uns die Bewegung von Erde und Mond unter dem Einflusse der Sonnenanziehung. Aber während die mathematische Untersuchung bei zwei Körpern noch sehr einfach ist, sind die Schwierigkeiten beim Dreikörperproblem so groß, daß die Mathematiker bis vor kurzem noch nicht zu einer Lösung des allgemeinen Falles gelangt waren. Eine solche scheint erst in den letzten Jahren durch Arbeiten eines finnischen Mathematikers, Sundman, angebahnt zu sein.[1]) Im Planetensystem tritt uns das Dreikörperproblem in einer etwas vereinfachten Gestalt entgegen, die bei den Berechnungen eine ziemlich befriedigende Lösung erlaubt, wenn auch oft erst mit einem gewaltigen Aufwand an Rechenarbeit. Die vereinfachenden Umstände sind folgende:

1. Einer der Körper, die Sonne, ist an Masse den beiden anderen bedeutend überlegen, so daß seine Bewegung nicht beträchtlich ist.

2. Sind die beiden andern Körper Planeten, so ist ihre gegenseitige Entfernung so groß, daß ihre Wirkung auf einander stets weit geringer als die der Sonne ist und daher als kleine *Störung* der Bewegung im Kegelschnitt aufgefaßt werden kann.

3. Die Neigungen der Bahnebenen sind bei den großen Planeten gering, daher bleiben die Anziehungskomponenten senkrecht zur Bahnebene immer sehr klein; nur bei den kleinen Planeten mit starker Neigung erreichen sie größere Beträge.

4. Bei den Bewegungen der Satelliten kann die Anziehung der Sonne als Störung der Satellitenbahn aufgefaßt werden, weil der Hauptplanet viel näher ist als die Sonne.

Die Berechnung einer jeden Bahn vollzieht sich so, daß man in erster Annäherung eine Kegelschnittsbewegung annimmt und dann die *Störungen* dieser Bewegung berechnet, wofür man eine ganze Reihe von Methoden, *Störungstheorien* genannt, ausgearbeitet hat.

Wegen der gegenseitigen Anziehung der Planeten *gelten die Keplerschen Gesetze nur angenähert;* so erklären sich auch die in Nr. 10 und 13 bemerkten Unstimmigkeiten der Werte $\frac{a^3}{U^2}$ bei den Planeten und Monden. Will man die Planeten-

1) Acta mathematica, Band 36, 2.

massen genauer bestimmen, als dies mit dem nur näherungweise richtigen dritten Keplerschen Gesetze möglich ist, so muß man alle störenden Einflüsse berücksichtigen. Die Massen von Merkur und Venus, die keine Trabanten besitzen, sind durch die Störungen gefunden worden, die diese Planeten bei Kometenbahnen verursacht haben. Im Falle der Venus wurde auch die von ihr in der Erdbewegung hervorgerufene Störung zur Massenbestimmung verwertet.

Um sich ein anschauliches Bild von den Planeten- und Satellitenbahnen zu machen, kann man sie sich als Ellipsen denken, deren Elemente durch die Störungen langsamen Änderungen unterworfen sind. Die Bahnebenen führen kleine Schwankungen aus, die Knoten und Apsidenlinien wandern im Kreise herum oder pendeln um gewisse mittlere Lagen. Hierher gehört die schon den Alten bekannte Bewegung der Mondknoten, die in etwa 18 Jahren einmal um die Mondbahn herumgehen. Im Planetensystem haben die großen Achsen die geringste Veränderlichkeit, und die Exzentrizitäten halten sich innerhalb bestimmter Grenzen, so daß für absehbare Zeit die Planetenbahnen keine völligen Umgestaltungen erfahren, die Stabilität unseres Planetensystems also für einige Jahrmillionen gesichert zu sein scheint.

Unter den Störungen im Planetensystem hat lange Zeit die Bewegung der Apsidenlinie der Merkurbahn den Astronomen viel Kopfzerbrechen gemacht, da sie sich durch das Newtonsche Gravitationsgesetz und die darauf aufgebaute Störungstheorie nicht begründen ließ. Erst in neuester Zeit hat Einstein mit Hilfe seiner *allgemeinen Relativitätstheorie* die Bewegung des Merkurperihels restlos erklären können, indem er für das Gravitationsgesetz eine von der Newtonschen abweichende Fassung fand.

Schließlich sei an die Entdeckung des Neptun erinnert, dessen Bahnelemente Leverrier und Adams aus den Störungen in der Bewegung des Uranus berechnet haben, so daß der bis dahin unbekannte Planet Neptun im Jahre 1846 aufgefunden werden konnte. Der Leser findet über diese hervorragende Leistung in jeder populären Astronomie Näheres.

Astronomie. Unter Redaktion von Geh. Reg.-Rat Dr. *J. Hartmann,* Prof. a. d. Univ. Göttingen. Bearb. von *L. Ambronn, Fr. Boll, A. v. Flotow, F. K. Ginzel, K. Graff, P. Guthnick, J. Hartmann, J. v. Hepperger, H. Kobold, S. Oppenheim, E. Pringsheim* †. Mit 44 Abb. im Text u. 8 Tafeln. [VIII u. 638 S.] Lex. 8. 1921. (Die Kultur der Gegenwart hrsg. von Prof. Dr. *P. Hinneberg,* Berlin. Teil III, Abt. III, Bd. 3.) Geh. M. 95.—, geb. M. 115.—

„Soll ich in kurzen Worten mein Urteil über das Buch zusammenfassen, so möchte ich sagen: bei völligem Fehlen nutzloser Spekulationen verbindet es eine Übersicht über die gesamte astronomische Forschung mit einer historischen Darstellung des Einflusses der Sternkunde auf das äußere Leben und die Weltanschauung aller Kulturstufen. Es gehört daher in die Bibliothek — natürlich jedes Fachmannes — aller Freunde der Himmelskunde, aber besonders auch in die Schulbibliotheken." **(Kölnische Volkszeitung.)**

Astronomisches Wörterbuch. Von Dr. *H. Naumann,* Observ. a. d. Sternwarte d. Univ. Leipzig. (Teubn. kl. Fachwörterbüch. Bd. 11.) [In Vorb. 1921.]

Der Band enthält alles Wissenswerte aus der gesamten Astronomie: der beschreibenden Astronomie, Astrometrie, Astrophysik, der sphärischen Astronomie, Instrumentenkunde, der Chronologie, soweit sie auf der Astronomie fußt. Auch der Geschichte der Astronomie ist durch Aufnahme der bedeutendsten Astronomen aller Zeiten und Länder mit kurzen Angaben über ihr Leben und ihre Leistungen Rechnung getragen worden.

Himmelsbild und Weltanschauung im Wandel der Zeiten. Von *Fr. Troels-Lund,* weil. Prof. a. d. Univ. Kopenhagen. Autor. Übersetzung von Dr. *L. Bloch.* 4. Aufl. [VII u. 274 S.] gr. 8. 1920. Geb. M. 18.75

„Wir sehen hier förmlich, wie die historische Entwicklung der Völker sie zu wissenschaftlichen Erkenntnissen drängt und viel tausend Fäden zwischen Religion, Wissenschaft und Gefühlsleben in wunderbarer Weise hin- und hergehen." **(Lit. Jahresber. d. Dürerbundes.)**

Astronomisches Weltbild im Wandel der Zeit. Von Dr. *S. Oppenheim,* Prof. a. d. Univ. Wien. I. Teil: Vom Altertum bis zur Neuzeit. 3. Aufl. Mit 18 Abb. im Text. [136 S.] 8. 1920. II. Teil: Moderne Astronomie. 2. Aufl. Mit 9 Fig. im Text u. 1 Tafel. [130 S.] 8. 1920. (ANuG Bd. 444/45.) Kart. je M. 6.80, geb. je M. 8.80

Im ersten Teile wird die Entwicklung der Vorstellungen über das astronomische Weltbild von den Anfängen astronomischer Forschung bis zur modernen Zeit dargestellt, im zweiten werden die mehr mathematischen Probleme der Astronomie (Bewegung der Planeten, Monde und Kometen, Bestimmung der Gestalt der Himmelskörper, Verteilung und Bewegung der Fixsterne) erörtert.

Entstehung der Welt und der Erde nach Sage und Wissenschaft. Von Geh. Reg.-Rat Dr. *M. B. Weinstein,* weil. Prof. a. d. Univ. Berlin. 3. Aufl. [128 S.] 8. 1919. (ANuG Bd. 223.) Kart. M. 6.80, geb. M. 8.80

Stellt das Problem der Entstehung von Welt und Erde dar, wie es bei allen Völkern und zu allen Zeiten wiederkehrt, wie seine Lösung ewig erstrebt wird von der dichterisch und religiös schaffenden Phantasie und von der wissenschaftlichen Reflexion und Theorie.

Weltuntergang in Sage und Wissenschaft. Von Dr. *K. Ziegler,* Prof. a. d. Univ. Breslau, und Dr. *S. Oppenheim,* Prof. a. d. Univ. Wien. (ANuG Bd. 720.) Kart. M. 6.80, geb. M. 8.80. [U. d. Pr. 1921.]

Das Bändchen berichtet in seinem ersten Teil über die Weltuntergangsmythen der Völker der Erde und gibt im zweiten Teile ein Bild davon, wie weit heute die Wissenschaft die Frage nach dem „Untergang der Welt" beantworten kann, sowohl hinsichtlich des Sonnensystems als des Fixsternsystems, zuletzt die Frage des „allgemeinen Wärmetodes" erörternd.

Verlag von B. G. Teubner in Leipzig und Berlin

Die in diesen Anzeigen angegebenen Preise sind die ab 1. Juli 1921 gültigen als freibleibend zu betrachtenden Ladenpreise, zu denen die meinen Verlag vorzugsweise führenden Sortimentsbuchhandlungen zu liefern in der Lage und verpflichtet sind, und die ich selbst berechne. Sollten betreffs der Berechnung eines Buches meines Verlages irgendwelche Zweifel bestehen, so erbitte ich direkte Mitteilung an mich.

Populäre Astrophysik. Von Dr. *J. Scheiner,* weil. Prof. am astrophysika Observatorium z. Potsdam. 3. Aufl., neubearb. v. Dr. *K. Graff,* Prof. a. d. Ste warte in Bergedorf b. Hamburg. Mit zahlr. Tafeln u. Fig. [U. d. Pr. 192]

Die durchgreifende Neubearbeitung des Werkes hat die neuesten Forschungsergebni berücksichtigt, die sich nicht mehr nur auf die Physik der Gestirne beziehen, sondern a in das Gebiet der Astronomie übergreifen. Insbesondere ist auf die äußerst wichtigen E deckungen entsprechend ausführlich eingegangen worden, welche die Beziehungen zwisch den Spektren und der absoluten Helligkeit der Sterne und damit auf einfachstem Wege ihr Entfernung festgestellt haben. Durch Beseitigung entbehrlicher Einzelheiten und Wieder holungen, durch klare Gliederung des Stoffes und zahlreiche Abbildungen ist dafür gesorg daß die Anschaulichkeit überall zur Geltung kommt und so auch weiteren Kreisen ei Einblick in das Schaffensgebiet der neueren Himmelskunde gegeben wird.

Vorlesungen über die Physik der Sonne. Von Dr. *E. Pringsheim* weil. Prof. a. d. Univ. Breslau. Mit 253 Fig. und 7 Figurentafeln. [VIII u 435 S.] gr. 8. 1910. Geh. M. 40.—, geb. M. 45.—

„Das Werk wird zweifellos allgemeines Interesse finden, um so mehr als glänzender Sti leichtfaßliche Darstellung und wohlgelungene Bilder die Lektüre jedermann, auch Nichtfach leuten, genußreich gestalten." (Monatshefte für Mathematik und Physik.

Die Sonne. Von Dr. *A. Krause,* Studienrat am Nikolaigymnasium i Leipzig. Mit 64 Abb. im Text u. auf 1 Tafel in Buntdruck. [IV u. 126 S. 8. 1911. (ANuG Bd. 357.) Kart. M. 6.80, geb. M. 8.80

„Was die Sonnenforschung an sicheren Ergebnissen geliefert hat, erfährt eine gründlich Behandlung. Verfasser hat eine mustergiltige Darstellung unseres Wissens von der Sonn geschaffen." (Vierteljahrsbericht d. Wien. Vereins z. Förder. phys. u. chem. Unterr.

Der Mond. Von Geh. Reg.-Rat Prof. Dr. *J. Franz,* weil. Dir. d. Univ. Sternwarte zu Breslau. 2. Aufl. Mit 34 Abb. im Text und auf 2 Doppel tafeln. [IV u. 120 S.] 8. 1912. (ANuG Bd. 90.) Kart. M. 6.80, geb. M. 8.8

Gibt die Ergebnisse der neueren Mondforschung wieder, erörtert Mondbewegung un Mondbahn, Einfluß des Mondes auf die Erde, Fragen der Oberflächenbedingungen des Mondes die charakteristischen Mondgebilde, endlich die Bewohnbarkeit des Mondes.

Die Planeten. Von Dr. *B. Peter,* weil. Prof. a. d. Univ. Leipzig. 2. Aufl., durchges. von Dr. *H. Naumann,* Observator a. d. Univ.-Sternwarte zu Leipzig. Mit 16 Fig. i. Text. [125 S.] 8. 1920. (ANuG Bd. 240.) Kart. M. 6.80, geb. M. 8.80

Behandelt nach den neuesten Forschungen an der Hand interessanter Abbildungen die einzelnen Körper des Planetensystems, ihre Erscheinungen für das unbewaffnete und bewaffnete Auge, ihre Bahnen, ihre physikalischen Eigenschaften sowie die sie begleitenden Trabanten.

Über das System der Fixsterne. Aus populären Vorträgen. Von Geh. Rat Prof. Dr. *K. Schwarzschild,* weil. Dir. d. astrophysikalisch. Observatoriums zu Potsdam. 2. Aufl. Mit 13 Textfiguren. [44 S.] gr. 8. 1916. Geh. M. 3.—

„... bietet in glänzender Darstellung und überraschender Allgemeinverständlichkeit eine Darstellung der besten u. wesentlichsten Fortschritte der modernen Astronomie." (Deutsche Warte.)

Der Bau des Weltalls. Von Dr. *J. Scheiner,* weil. Prof. am astrophysikalischen Observatorium zu Potsdam. 5. Aufl. bearb. von Dr. *P. Guthnick,* Prof. a. d. Univ. Berlin. Mit 28 Figuren i. Text. [120 S.] 8. 1920. (ANuG Bd. 24.) Kart. M. 6.80, geb. M. 8.80

Das Buch gibt ein anschauliches Bild des Weltalls und führt den Leser in das an Mannigfaltigkeit der Formen und räumlicher Ausdehnung ungeheure System der Fixsterne als der Gesamtheit der unseren Sinnen zugänglichen Welt ein.

Die Mechanik des Weltalls. Eine volkstümliche Darstellung der Lebensarbeit Johannes Keplers, besonders seiner Gesetze und Probleme. Von weil. Direktor Dr. *L. Günther,* Fürstenwalde. Mit 13 Figuren, 1 Tafel und vielen Tabellen. [XVI u. 156 S.] 8. 1909. Geb. M. 6.25

„Das Buch führt in ungemein anschaulicher Weise in den Geist und die Arbeitsweise Keplers ein." (Beiblätter zu den Annalen der Physik.)

Verlag von B. G. Teubner in Leipzig und Berlin

Preise freibleibend

GPSR Compliance

The European Union's (EU) General Product Safety Regulation (GPSR) is a set of rules that requires consumer products to be safe and our obligations to ensure this.

If you have any concerns about our products, you can contact us on ProductSafety@springernature.com

In case Publisher is established outside the EU, the EU authorized representative is:

Springer Nature Customer Service Center GmbH
Europaplatz 3
69115 Heidelberg, Germany

Batch number: 10577915

Printed by Printforce, the Netherlands